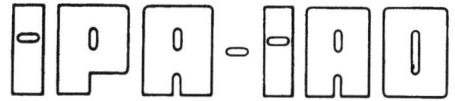

Forschung und Praxis

Band 129

Berichte aus dem
Fraunhofer-Institut für Produktionstechnik
und Automatisierung (IPA), Stuttgart,
Fraunhofer-Institut für Arbeitswirtschaft
und Organisation (IAO), Stuttgart, und
Institut für Industrielle Fertigung und
Fabrikbetrieb der Universität Stuttgart

Herausgeber: H. J. Warnecke und H.-J. Bullinger

Stefan Thiel

Automatisierung des Biegerichtens

Mit 57 Abbildungen und 5 Tabellen

Springer-Verlag
Berlin Heidelberg New York
London Paris Tokyo 1988

Dipl.-Ing. Stefan Thiel

Fraunhofer-Institut für Produktionstechnik und Automatisierung (IPA), Stuttgart

Dr.-Ing. H. J. Warnecke

o. Professor an der Universität Stuttgart
Fraunhofer-Institut für Produktionstechnik und Automatisierung (IPA), Stuttgart

Dr.-Ing. habil. H.-J. Bullinger

o. Professor an der Universität Stuttgart
Fraunhofer-Institut für Arbeitswirtschaft und Organisation (IAO), Stuttgart

D 93

ISBN-13 : 978-3-540-50432-0   e-ISBN-13 : 978-3-642-83634-3
DOI : 10.1007 / 978-3-642-83634-3

Gesamtherstellung: Copydruck GmbH, Heimsheim
2362/3020−543210

Geleitwort der Herausgeber

Futuristische Bilder werden heute entworfen:

o Roboter bauen Roboter,

o Breitbandinformationssysteme transferieren riesige Datenmengen in Sekunden um die ganze Welt.

Von der "menschenleeren Fabrik" wird da gesprochen und vom "papierlosen Büro". Wörtlich genommen muß man beides als Utopie bezeichnen, aber der Entwicklungstrend geht sicher zur "automatischen Fertigung" und zum "rechnerunterstützten Büro". Forschung bedarf der Perspektive, Forschung benötigt aber auch die Rückkopplung zur Praxis - insbesondere im Bereich der Produktionstechnik und der Arbeitswissenschaft.

Für eine Industriegesellschaft hat die Produktionstechnik eine Schlüsselstellung. Mechanisierung und Automatisierung haben es uns in den letzten Jahren erlaubt, die Produktivität unserer Wirtschaft ständig zu verbessern. In der Vergangenheit stand dabei die Leistungssteigerung einzelner Maschinen und Verfahren im Vordergrund. Heute wissen wir, daß wir das Zusammenspiel der verschiedenen Unternehmensbereiche stärker beachten müssen. In der Fertigung selbst konzipieren wir flexible Fertigungssysteme, die viele verkettete Einzelmaschinen beinhalten. Dort, wo es Produkt und Produktionsprogramm zulassen, denken wir intensiv über die Verknüpfung von Konstruktion, Arbeitsvorbereitung, Fertigung und Qualitätskontrolle nach. Rechnerunterstützte Informationssysteme helfen dabei und sollen zum CIM (Computer Integrated Manufacturing) führen und CAD (Computer Aided Design) und CAM (Computer Aided Manufacturing) vereinen. Auch die Büroarbeit wird neu durchdacht und mit Hilfe vernetzter Computersysteme teilweise automatisiert und mit den anderen Unternehmensfunktionen verbunden. Information ist zu einem Produktionsfaktor geworden, und die Art und Weise, wie man damit umgeht, wird mit über den Unternehmenserfolg entscheiden.

Der Erfolg in unseren Unternehmen hängt auch in der Zukunft entscheidend von den dort arbeitenden Menschen ab. Rationalisierung und Automatisierung müssen deshalb im Zusammenhang mit Fragen der Arbeitsgestaltung betrieben werden, unter Berücksichtigung der Bedürfnisse der Mitarbeiter und unter Beachtung der erforderlichen Qualifikationen. Investitionen in Maschinen und Anlagen müssen deshalb in der Produktion wie im Büro durch Investitionen in die Qualifikation der Mitarbeiter begleitet werden. Bereits im Planungsstadium müssen Technik, Organisation und Soziales integrativ betrachtet und mit gleichrangigen Gestaltungszielen belegt werden.

Von wissenschaftlicher Seite muß dieses Bemühen durch die Entwicklung von Methoden und Vorgehensweisen zur systematischen Analyse und Verbesserung des Systems Produktionsbetrieb einschließlich der erforderlichen Dienstleistungsfunktionen unterstützt werden. Die Ingenieure sind hier gefordert, in enger Zusammenarbeit mit anderen Disziplinen, z. B. der Informatik, der Wirtschaftswissenschaften und der Arbeitswissenschaft, Lösungen zu erarbeiten, die den veränderten Randbedingungen Rechnung tragen.

Beispielhaft sei hier an den großen Bereich der Informationsverarbeitung im Betrieb erinnert, der von der Angebotserstellung über Konstruktion und Arbeitsvorbereitung, bis hin zur Fertigungssteuerung und Qualitätskontrolle reicht. Beim Materialfluß geht es um die richtige Auswahl und den Einsatz von Fördermitteln sowie Anordnung und Ausstattung von Lagern. Große Aufmerksamkeit wird in nächster Zukunft auch der weiteren Automatisierung der Handhabung von Werkstücken und Werkzeugen sowie der Montage von Produkten geschenkt werden.

Von der Forschung muß in diesem Zusammenhang ein Beitrag zum Einsatz fortschrittlicher intelligenter Computersysteme erfolgen. Planungsprozesse müssen durch Softwaresysteme unterstützt und Arbeitsbedingungen wissenschaftlich analysiert und neu gestaltet werden.

Die von den Herausgebern geleiteten Institute, das

- Institut für Industrielle Fertigung und Fabrikbetrieb der Universität Stuttgart (IFF),

- Fraunhofer-Institut für Produktionstechnik und Automatisierung (IPA),

- Fraunhofer-Institut für Arbeitswirtschaft und Organisation (IAO)

arbeiten in grundlegender und angewandter Forschung intensiv an den oben aufgezeigten Entwicklungen mit. Die Ausstattung der Labors und die Qualifikation der Mitarbeiter haben bereits in der Vergangenheit zu Forschungsergebnissen geführt, die für die Praxis von großem Wert waren. Zur Umsetzung gewonnener Erkenntnisse wird die Schriftenreihe "IPA-IAO - Forschung und Praxis" herausgegeben. Der vorliegende Band setzt diese Reihe fort. Eine Übersicht über bisher erschienene Titel wird am Schluß dieses Buches gegeben.

Dem Verfasser sei für die geleistete Arbeit gedankt, dem Springer-Verlag für die Aufnahme dieser Schriftenreihe in seine Angebotspalette und der Druckerei für saubere und zügige Ausführung. Möge das Buch von der Fachwelt gut aufgenommen werden.

H. J. Warnecke · H.-J. Bullinger

Vorwort

Die vorliegende Abhandlung entstand während meiner Tätigkeit
als wissenschaftlicher Mitarbeiter am Fraunhofer-Institut
für Produktionstechnik und Automatisierung in Stuttgart.

Herrn Prof. Dr.-Ing. H.-J. Warnecke danke ich für die Förderung, meinem Mitberichter Prof. Dr.-Ing. H. Dietmann für
die gründliche Durchsicht dieser Arbeit und die sich daraus
ergebende konstruktive Kritik.

Mein besonderer Dank gilt Herrn Dr.-Ing. O. Glinzer, der mir
Sinn und Nutzen von Ausgleichsrechnungen vermittelte und mit
seinem Programm AGSY ein wertvolles Werkzeug zur Anwendung
in die Hände gab. Ihm, Herrn Dr. rer. nat. M. Rueff und
Herrn Dr.-Ing. C. Teetz danke ich für die eingehende Erstdurchsicht der Arbeit, Herrn cand. el. H. Seiffer für die in
die Erstellung der Bilder investierte Mühe und Sorgfalt.

Stuttgart 1988   Stefan Thiel

Inhaltsverzeichnis

Formelzeichen

Name	Einheit	Bedeutung
e	[Weg]	Exzentrizität
s	mm, μm, °	Weg im allgemeinen
Z ( )		Zuordnungsfunktion der Wegsteuerung
k		Rückbiege-Korrekturwert für Z( )
K ( )		Rückbiege-Korrekturfunktion für Z( )
P		Wahrscheinlichkeit
t		Toleranz
S		Standardabweichung
σ	N/mm²	Mechanische Spannung
Φ		GAUSSsche Verteilungsfunktion
μ		mittlere Formänderung
n	1	Anzahl
F	N, kN	Kraft
E	N/mm²	Elastizitätsmodul
R_e	N/mm²	Elastizitätsgrenze (Werkstoffkennwert)
E ( )		Funktion der elastischen Linie des KWV
V ( )		Veränderungsfunkion der Elastizität
I	mm^4	Flächenträgheitsmoment
ε	1 (%)	Dehnung
A	mm²	Fläche
l	mm	Länge, Stützlänge, etc.
TP ( )		Traganteilfunktion der Oberfläche
R		Rauheitskennwert
f		Tiefenfaktor beim Fugenmodell
t		Zeit, Zeitpunkt
sv		Steifigkeitsverlust
c	N/m	Steifigkeit (Federkonstante)
se	m, °	Einzuleitende Formänderung (skalar)
si	m, °	Induzierte Formänderung (skalar)
sA	m, °	Abweichung (skalar)
SE		Einzuleitende Formänderungen (Vektor)
SI		Induzierte Formänderungen (Vektor)
SA		Abweichungen (Vektor)
A		Abhängigkeitsmatrix
a		Koeffizienten von A
α_A		Achsenwinkel Fahrradgabel
α_C		Achsenwinkel Fahrradgabel
r		Abhängigkeitsradien Fahrradgabel

Indizes

Name	Bedeutung	im Zusammenhang mit
p	plastisch	Wegen, Formänderungen
e	elastisch	Wegen, Formänderungen
g	gesamt (e+p!)	Wegen, Formänderungen
ü	überbiege-	Wegsteuerung,
i	ist	beliebigen Zuständen
j, k, m	Laufindex	
A	Abweichung	in Kapitel 4
0	Ausgang-	Zuständen, Kap 2.2.3
RE	Rißentstehungs-	Kräften, Zeiten, Wegen
Eig	Eigen-	Spannungen
St	Stößel	Wegen, Kräften
W	Welle	
A	Auflager	
D	Druckstück	
L	Links	Kap. 4.2.3
R	Rechts	Kap. 4.2.3

Abkürzungen

Name	Bedeutung
KWV	Kraft-Weg-Verlauf
ASU	Anfangs-Stör-Unterdrückung
FEE	Fließ-Einsatz-Erkennung

1   Einleitung

Einerseits wird Biegerichten als ein unerwünschter Fertigungs-
schritt angesehen, auf den immer dann lieber verzichtet würde,
wenn die vorhergehenden Schritte in Bezug auf die resultierende
Werkstückgeometrie besser beherrscht werden könnten. Andererseits werden durch Biegerichten in der Praxis Verbesserungen an
der Qualität der Werkstücke erreicht, die anders entweder gar
nicht oder nur mit unverhältnismäßig hohem Aufwand zu erlangen
sind. Obwohl die Problematik recht komplex ist (s. Kap. 1.3),
ist die Automatisierung des Biegerichtens bisher nur von Prak-
tikern bei Maschinenherstellern, -anwendern und Erfindern bearbeitet worden. Eine allgemein zugängliche Wissensbasis in Form
von Veröffentlichungen aus Universitäts- oder anderen For-
schungsinstituten fehlt, was auch von der Pressenindustrie be-
merkt wird [1]. Daher hat sich in der Praxis kein allgemeiner
Ansatz zur Lösung beliebiger Biegerichtaufgaben durchgesetzt.
Eine Ausnahme hiervon bildet lediglich das Richten langer rotationssymmetrischer Werkstücke ("Wellenrichten"), für das seit
1971 elektronisch gesteuerte Richtautomaten auf dem Markt sind.

Seit längerer Zeit wird die beim Richten notwendige Handarbeit
beklagt [2]. Daher wurden schon häufig Versuche unternommen,
die Handarbeit beim Richten durch Einsatz von mechanisierter
Werkstückhandhabung, elektrischen Meßverfahren und Ablaufsteue-
rungen zu verringern oder überflüssig zu machen (s. Kap. 2.1.1,
2.2.1). Dabei wurde hauptsächlich versucht, die Arbeitsweise
des Maschinenbedieners durch eine Ablaufsteuerung nachzuahmen
[3]. Nachdem die Anforderungen bezüglich der Benutzerfreund-
lichkeit der Bedienung und der Auswertung der Biegerichtergeb-
nisse größer geworden waren, sind zur Richtmaschinensteuerung
Prozeßrechner eingesetzt worden [4; 5; 6].

In dieser Arbeit wird unter Automatisierung des Biegerichtens
nicht die Verkettung der Richtmaschine mit anderen Maschinen im
Fertigungsablauf - Stichwort "Handling" -, die Mechanisierung
des Meßvorganges oder des Werkstücktransports verstanden, sondern die möglichst sinnvolle Automatisierung des Biegevorganges
selbst. Für alle beschriebenen Verfahrensweisen wird - ohne
weiteren Hinweis im Text - ein Prozeßrechner benötigt. Zweck

der Automatisierung von Richtvorgängen ist sowohl die Steigerung der Produktivität der Fertigung als auch der Qualität der gerichteten Werkstücke.

1.1 Abgrenzung des Biegerichtens von anderen Richtverfahren

Biegen ist nach DIN 8586 [7] ein umformendes Fertigungsverfahren, bei dem das Fließen in der Umformzone durch Biegespannungen hervorgerufen wird. Biegerichten ist danach der Einsatz des Verfahrens "Biegen" für die Aufgabe "Richten", zu deren Erfüllung meist nur kleine Umformungen notwendig sind. Biegerichten im Sinne dieser Arbeit meint diejenigen Anwendungsfälle, in denen ein Werkstück nach dem Messen der Istform durch Aufbringen von Kräften oder Momenten an definierten Stellen zur Sollform hin umgeformt wird, wobei es je nach der Struktur des Werkstücks auch vorkommen kann, daß die das Fließen in der Umformzone auslösende Beanspruchung keine reine Biegung, sondern auch eine Torsion, eine Zug- oder Druckbelastung oder eine beliebige Kombination davon ist. Der Begriff Biegerichten wird deshalb beibehalten, weil in der überwiegenden Zahl der Anwendungsfälle eine echte Biegebelastung vorliegt. Außerdem sind die in dieser Arbeit vorgestellten Vorgehensweisen meist ohne Modifikation auf andere Belastungsfälle anwendbar.

Grundsätzlich unterscheidet sich das hier betrachtete Biegerichten von Richtverfahren, die ohne eine Messung der Istform des Werkstücks auskommen und nach denen das Werkstück - meist mehrfach - umgeformt wird, so daß sich das Werkstück anschliessend in einem Zustand befindet, der nur noch von den in der Richtmaschine durchgeführten Umformungen bestimmt ist. Derartige Richtverfahren bringen Werkstück und Werkstoff dazu, ihren Ausgangszustand zu "vergessen". Beispiele für solche Maschinen bzw. Verfahren sind Mehrwalzen-Richtmaschinen zum geradlinigen Abwickeln aufgerollter Blechbänder oder Rohre [8] oder Umlaufbiegemaschinen zum Wellenrichten [9; 10]. Diese Verfahren können immer dann nicht eingesetzt werden, wenn die Geometrie des Werkstücks dies verhindert oder der Werkstoff in den Umformzonen keine größeren Umformungen ohne Bruch erträgt. Dies ist zumeist bei oberflächengehärteten Wellen der Fall.

1.2   Praktische Relevanz

Obwohl unerwünscht, ist das Richten oft unvermeidbar. Allgemein
gesprochen entsteht die Notwendigkeit zum Richten, wenn geome-
trisch schon bestimmte Werkstücke (aus Stahl) einer Wärmebe-
handlung (Löten, Schweißen, Härten, Glühen) unterzogen werden
oder wenn mit Eigenspannungen behaftete Werkstücke asymmetrisch
zur Eigenspannungsverteilung spanend bearbeitet werden. Dabei
finden Gefügeumwandlungen und Eigenspannungsabbau (bzw. -umla-
gerungen) statt, die zu geometrischen Veränderungen des Werkstücks führen.

Eines der am häufigsten zu richtenden Werkstücke ist die nach
dem Drehen gehärtete Welle, die noch geschliffen werden soll;
man denke hierbei nur an die PKW-Getriebe- und Antriebsachsen-
produktion [10; 11]. Die große Stückzahl zu richtender Wellen
und die hohe Automatisierungsbereitschaft der Automobilindu-
strie sind als Hauptgrund dafür anzusehen, daß Wellenrichtautomaten zum Stand der Technik gehören, in anderen Bereichen aber
fast ausschließlich von Hand gerichtet wird. Die Notwendigkeit
zum Richten der verzogenen Wellen vor dem Schleifen ergibt sich
aus dem Umstand, daß die Härteschicht, die aus Dauerfestig-
keitsgründen bewußt dünn gehalten wird, bei einer verzogenen
Welle unterschiedlich stark, stellenweise sogar vollständig
abgeschliffen würde und damit die Funktionstüchtigkeit der
Welle verloren ginge.

Allerdings berechtigt der Einsatz eines Wellenrichtautomaten
nicht dazu, die Sorgfalt bei der Auswahl des Wellenhalbzeuges
und in der Härterei zu verringern. Zum einen kann durch Biegerichten nicht jede Krümmung ausgeglichen werden, die geringe
Umformfähigkeit der gehärteten Stähle setzt enge Grenzen. Zum
anderen haben PRÜMMER und ZELLER [12] bereits 1984 berichtet,
daß Biegerichten die Dauerfestigkeit herabsetzt, und haben
Gegenmaßnahmen vorgeschlagen. Das diesem Umstand zugrundelie-
gende Thema "Eigenspannungen durch Biegerichten" wird in
Kap. 2.2 ausführlicher behandelt werden.

Weitere Beispiele sind gelötete oder geschweißte, räumlich strukturierte Werkstücke aus verschiedenen Stahlrohren und Muffen, wie u. a. Fahrrad- und Motorradrahmen oder Fahrradgabeln. Bei solchen Werkstücken sind Toleranzen für komplexe Maße wie Orthogonalität oder Parallelität von Bohrungsachsen, Abstände und Parallelität von Flächen etc. vorgeschrieben, die auf Grund des Wärmeverzugs auch durch noch so sorgfältige Konstruktion der Lötvorrichtungen und enge Toleranzen der Einzelteile nicht gesichert eingehalten werden können. Es sind auch Fälle denkbar, bei denen das Richten prinzipiell vermeidbar wäre, es aber kostengünstiger ist als die fehlerfreie Fertigung. Als Beispiel seien Automobilkarossen genannt, an denen Befestigungspunkte für Fahrwerkteile zueinander räumlich eng toleriert sind, aber auf verschiedenen Blechteilen liegen, die durch Punktschweißen miteinander verbunden werden. Auch wenn das Punktschweißen einen gewissen Wärmeverzug bedingt, ist hier die schwer zu beherrschende Kette aus verschiedensten Spielen in Schweißvorrichtungen und Toleranzen der tiefgezogenen Ausgangsblechteile als Hauptursache für die relative Unbestimmtheit des Fertigmaßes anzusehen.

Die generelle Behandlung des Richtens solcher räumlich strukturierten Werkstücke wurde bisher wegen des im folgenden Kapitel beschriebenen "II. Grundproblems des Richtens" nicht durchgeführt. Daher sind dafür auch nur Einzellösungen für Richtautomaten bekannt geworden, die in der Regel nicht von einem Maschinenhersteller, sondern von einem Anwender selbst entwickelt wurden. Beispiele hierfür sind die Fahrradrahmen-Richtmaschinen des Fahrradherstellers Sprick [3] und der Fa. Klöckner-Opladen [4].

1.3 Grundlegende Problematik

Die Aufgabe "Richten" läßt sich aufteilen in zwei unabhängige Teilaufgaben, die als Grundprobleme angesehen werden:

I. Die Formänderung des Werkstücks um einen individuell vorgegebenen Betrag.

II. Die Bestimmung der Formänderungsbeträge aus den Form-
Meßwerten.

Das I. Grundproblem ist deswegen nicht trivial, weil der "vorgegebene Betrag" von Werkstück zu Werkstück anders ist, da er von
der Formabweichung des jeweiligen Werkstücks bestimmt wird, und
die Richtmaschine keine feste Einstellung dafür haben kann.
Kernpunkt des I. Grundproblems ist die Beherrschung der elastischen Rückfederung, deren Ungewißheit das gezielte Erreichen
der Sollform ohne Probieren erschwert. Die Rückfederung ist
ungewiß, weil ihr Betrag von den aktuellen geometrischen und
werkstoffbezogenen Daten bestimmt wird. Ist die Streuung dieser
Werte im Laufe der Produktion groß, so streut dementsprechend
die Rückfederung. Im Gegensatz zu primär formgebenden Umform-
verfahren ist beim Richten das Verhältnis von elastischem zu
plastischem Formänderungsanteil nicht verschwindend klein, sondern meistens erheblich größer als Eins. Als ein Beispiel gelte
der Biegefall der in Abschnitt 2.2.6 beschriebenen Wellenricht-
versuche: elastischen Durchbiegungen zwischen 0.3 mm und 1.0 mm
stehen bleibende Verformungen zwischen 0.005 und 0.1 mm gegenüber, das Verhältnis elastischer zu plastischer Durchbiegung
nimmt also Werte von 10 bis 60 an. Der Grad der Schwierigkeit,
die Rückfederung zu beherrschen, wird ausgedrückt durch das
Verhältnis von geforderter Maßtoleranz zur Rückfederung. Im
Beispiel der Versuchswelle mit einer Maßtoleranz von 5 μm muß
die Rückfederung in der Größenordnung unter einem Prozent genau
vorherbestimmt werden, wenn auf das Probieren verzichtet werden
soll.

Das II. Grundproblem ist nur dann trivial, wenn das Werkstück
nur in einem Maß gerichtet werden muß. Dann ergibt sich der
Formänderungsbetrag direkt aus der Formabweichung. In nahezu
allen anderen Fällen sind die Maße voneinander abhängig, was
zur Folge hat, daß das Richten des einen Maßes die anderen
schon verändert, und es somit nicht zulässig ist, die gemessenen Formabweichungen als Formänderungsbeträge zu verwenden.

Als Beispiel vergegenwärtige man sich mit Hilfe von Bild 1-1
die für Wellenrichtautomaten nicht untypische Aufgabe, zwei
Lagerstellen einer Welle zu den Zentrierbohrungen in Rundlauf

zu bringen. In diesem Fall sind die Formmeßwerte der Betrag der
Exzentrizität und ihre Winkellage an den zwei Lagerstellen, die
zugleich Meß- und Richtstellen sind. Würde die Welle an beiden
Lagerstellen um die gemessenen Exzentrizitäten e_A und e_B verbo-
gen, so wäre, wie sich an der schematischen Darstellung <u>1-1c</u>
nachvollziehen läßt, das Ergebnis eine zur anderen Seite hin
um e_{A1} und e_{B2} exzentrische Welle. Auch das Vorgehen, erst
Stelle A zu richten, und dann Stelle B um die verbleibende
Restexzentrizität e_{B1}, führt nicht zum Erfolg, da das Richten
der zweiten Stelle die erste wieder mit verändert und bei A
eine Exzentrizität e_{A2} zur Folge hat (<u>1-1d</u>). Ein weiteres Richten bei A führt u. U. dazu, daß auch B noch einmal gerichtet
werden muß und so weiter im Wechsel, bis beide Stellen in der
Toleranz liegen.

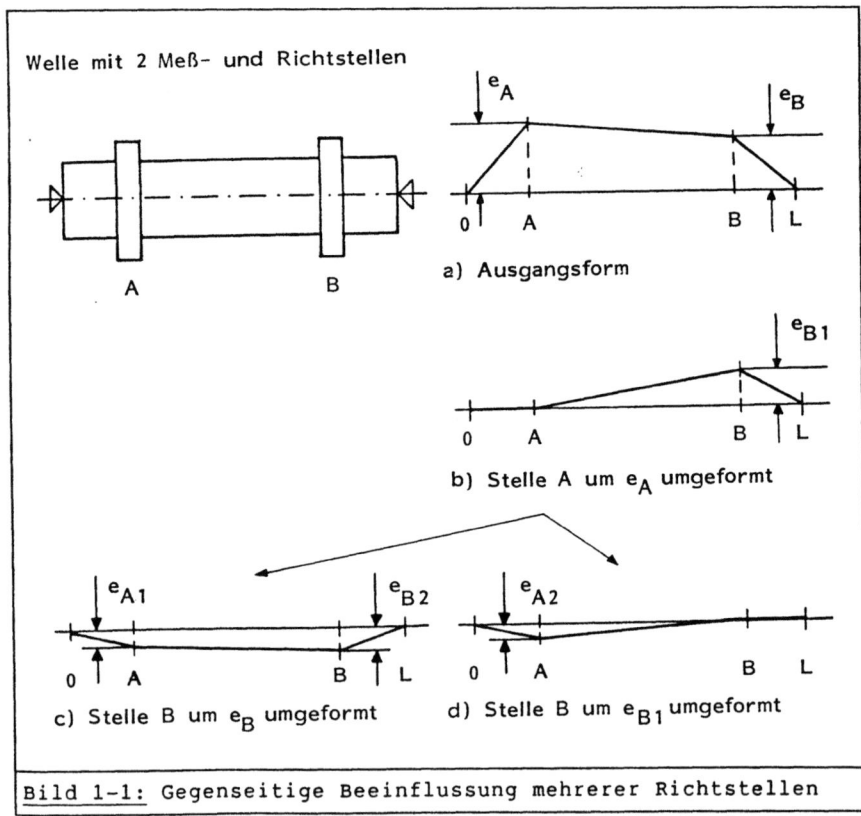

Welle mit 2 Meß- und Richtstellen

a) Ausgangsform

b) Stelle A um e_A umgeformt

c) Stelle B um e_B umgeformt

d) Stelle B um e_{B1} umgeformt

<u>Bild 1-1:</u> Gegenseitige Beeinflussung mehrerer Richtstellen

Im Gegensatz zu den leicht überschaubaren Verhältnissen an Wellen sind diejenigen an räumlich strukturierten Werkstücken wie Fahrradgabeln oder -rahmen wesentlich weniger übersichtlich. In der Praxis führt das Richten von Werkstücken mit mehreren Richtstellen dennoch nach einer endlichen Zahl von Richtschritten zum Erfolg. Dies liegt daran, daß sich die Werkstücke im allgemeinen konservativ verhalten: Die Beseitigung der durch das Richten der Stelle 1 um den Betrag x_1 an der Stelle 2 hervorgerufenen Abweichung a_2 bewirkt an der Stelle 1 wiederum eine Abweichung a_1, die klein gegenüber x_1 ist. Dies ist die Voraussetzung für die Konvergenz des probierenden Richtens, die meist erfüllt ist.

Da jedes Probieren zur Lösung des II. Grundproblems auch mit Probieren zur Lösung des I. verbunden ist, kann die Umformfähigkeit eines wenig duktilen Werkstoffs erschöpft sein, bevor die Sollform erreicht ist: das Werkstück bricht. Selbst wenn dies gerade noch nicht der Fall ist, wird doch die Qualität des so gerichteten Werkstücks in bezug auf seine Dauerfestigkeit erheblich gemindert [12].

Um nicht partiell gebrochene Werkstücke (Härteschicht-Risse bei oberflächengehärteten Wellen) aus einem Richtautomaten als gute Teile zu entlassen, stellt sich außerdem die Frage nach einer geeigneten Methode zum Erkennen des Entstehens von Rissen.

Ein Mensch als Bediener einer Richtmaschine gewinnt mit der Zeit die Erfahrung, beiden Grundproblemen des Richtens gefühlsmäßig richtig zu begegnen und damit den Umfang des Probierens zu reduzieren. Im Normalfall hört er auch das Entstehen eines Risses. Für die automatische Steuerung einer Richtmaschine müssen jedoch Algorithmen gefunden werden, die das Probieren von vornherein durch methodisches Vorgehen ersetzen, denn ein selbsttätiges Lernen in dem Umfang, in dem eine Bedienperson dies vermag, ist auch unter Einsatz modernster Rechner- und Programmiertechnik (Stichwort "Künstliche Intelligenz") kaum möglich - von der Wirtschaftlichkeit eines solchen Vorgehens einmal ganz abgesehen.

1.4 Klassifizierung von Richtaufgaben und -maschinen

Richtmaschinen können in ihrem Aufbau so vielfältig sein wie die Werkstücke, die mit ihnen gerichtet werden sollen. Dennoch lassen systematische Gemeinsamkeiten eine Klassifizierung der Konstruktionsprinzipien zu. In Tabelle 1 ist die hier erarbeitete Klassifizierung zusammengefaßt.

Tabelle 1: Klassifizierung der Richtmaschinen und -aufgaben

Kriterium	Kategorie I	Kategorie II	Kategorie III
Relation Werkstück zu Umformein-richtungen	fest	beweglich in 1 Dimension	beweglich in 2 Dimensionen
Bewegungsrichtung der Umformeinheiten	beliebig	orthogonal	orthogonal
Meßeinrichtungen	1 je Umform-einheit in deren Richtung	1 pro Richt-stelle und 1 Werkstück-position	1 pro Maschi-nenachse, 1 in Umform-richtung
Meßverfahren	linear oder rotatorisch	linear oder rotatorisch	evtl. linien- oder flächen-haft
Dimensionen der Meßwerte	eine	drei	drei u. mehr
Anzahl der Meß- und Richtstellen	fest	umrüstbar	unendlich
Spezialisierung	Sonder-maschine	Universal-maschine	Mittlere Spezialis.
Werkstückbeispiele	Fahrzeug-rahmen Pflugscharen Fahrradgabeln	Wellen, all-gemein	Platten auf Ebenheit Plattenkanten auf Geradheit

1.5   Zielsetzung

In dieser Arbeit sollen aus dem systematisch dargestellten
Stand der Technik heraus sowohl verfeinerte als auch verallge-
meinerte Methoden zur Lösung der beiden Grundprobleme des Biegerichtens erarbeitet werden. Besondere Aufmerksamkeit soll der
grundlegenden Aufbereitung und allgemeingültigen Darstellung
der adaptiven Methode zur Steuerung des Biegevorganges an Hand
des Kraft-Weg-Verlaufes gewidmet werden.

Der Aspekt der Qualität gerichteter Werkstücke ist durch die
Diskussion der Themen "Eigenspannungen durch Biegerichten" und
"Rißentstehungserkennung" eingehend zu berücksichtigen. Dabei
soll auch gezeigt werden, daß die beiden Ziele der Automatisierung von Richtvorgängen (Steigerung von Produktivität und Qualität) in manchen Fällen nicht gemeinsam erreicht werden können,
und wie dann ein Optimum zu erreichen ist.

In diesem Kapitel werden Lösungsmöglichkeiten für das I. Grundproblem des Richtens behandelt. Dafür ergeben sich zwei grund-
verschiedene Varianten:

1. die Vorgabe des Weges der Umformeinheit (des Pressenstös-
   sels) aus Erfahrungswerten, weggesteuertes Biegerichten
   genannt.

2. die adaptive Steuerung des Biegevorgangs durch den
   aktuellen $\underline{K}$raft-$\underline{W}$eg-$\underline{V}$erlauf (KWV).

2.1 Weggesteuertes Biegerichten

2.1.1 Stand der Technik

Die während des Richtens mehrerer gleicher Werkstücke gesammel-
ten Wertepaare aus Gesamtumformweg und bleibender Formänderung
können für die benötigte Zuordnung: "welcher Gesamtumformweg
ist notwendig, um eine gewünschte bleibende Formänderung zu
erzielen", verwendet werden. In einer derart gewonnenen Zuord-
nungstabelle sind alle denkbaren Einflüsse aus der Maschine,
der Werkstückgeometrie und ihrer Toleranz sowie aus den Werk-
stoffeigenschaften und deren Streuung berücksichtigt. Eine Wellenrichtmaschine mit einem Verfahren nach dieser Art ist von
H. C. OVSHINSKY [13] bereits 1962 in Form eines Prototypen vor-
gestellt worden: Die Maschinensteuerung enthält ein "function
generator" genanntes Gerät, auf dem die Zuordnungskurve mit-
tels Linearpotentiometern in 32 Stützpunkten eingestellt wird,
zwischen denen das Gerät linear interpoliert. Die Sammlung der
Erfahrung und deren Umsetzung in die einzustellende Zuord-
nungs(=Steuer)kurve ist bei der Maschine noch dem Maschineneinrichter oder -bediener überlassen, ebenso wie die Kontrolle und
Berücksichtigung des Trends während der Fertigung.

Ein eher selbstanpassendes Verfahren beschreiben J. THOMA und
R. GALDABINI 1973 [14] für einen Wellenrichtautomaten. Diese
Autoren gehen davon aus, daß sich die Zuordnung von Gesamtum-
formweg - sie nennen ihn "eingeprägte Deformation" - zu blei-

bender Formänderung - "verbleibende Deformation" - von Welle zu
Welle ändert. Daher wird nach ihrem Verfahren zunächst eine
Durchbiegung vorgegeben, die mit hoher Wahrscheinlichkeit nicht
zum Überbiegen führt. Die anschließend gemessene Abweichung
wird nach einer in der Literaturstelle nicht näher bezeichneten
Abhängigkeit in einen neuen Gesamtumformweg umgerechnet, der
größer ist als der erste, so daß sich die Formabweichung ständig verringert. Nach Angaben der Autoren führt dieses Vorgehen
durchschnittlich nach drei bis fünf Versuchen zum Ziel.

Im Jahre 1982 meldete G. ENGMANN [15] ein Verfahren zum Patent
an, das dem von THOMA ähnelt. Die Abhängigkeit zwischen Abweichung und Korrektur des Gesamtumformweges nach dem ersten Fehl-
versuch setzt dieser Autor als linear voraus. Als Erweiterung
erwähnt er die Möglichkeit, den Abhängigkeitsfaktor aus dem
Mittelwert einer gewissen Anzahl vorangegangener Richtvorgänge
zu bestimmen.

Legt man Firmenprospekte [5; 16; 17] und mündliche Mitteilungen
wichtiger Richtautomatenhersteller [1; 36] zugrunde, so berücksichtigen die jetzt (1987) auf dem Markt erhältlichen Wellenrichtautomaten, über deren Richtstrategie keine exakten Veröffentlichungen existieren, im wesentlichen das Umformverhalten
der vorangegangenen Welle für den ersten Gesamtumformweg ("Aus-
gangshub") der neuen Welle. Dabei wird in einer gewissen, nicht
näher bezeichneten Weise die aus mehreren Werkstücken gewonnene
Erfahrung einbezogen. Anschließend wird ein schrittweises He-
rantasten durchgeführt, das dem THOMAschen Verfahren ähnelt. Es
gibt auch Steuerungen, bei denen die Ausgangshubtiefe und das
Erhöhungsinkrement (= Zustellung bei Mißerfolg) für jede Richtstelle vom Maschineneinrichter vorzugeben sind.

Während H. C. OVSHINSKY [13] vereinfachend voraussetzt, daß die
durch Streuungen in Werkstückgeometrie und Werkstoffverhalten
verursachten Ungenauigkeiten innerhalb der geforderten Maßtole-
ranzen der Werkstücke liegen, berücksichtigen die anderen Autoren die in der Praxis recht großen Streuungen und verfolgen
statt einer direkten Zuordnung eine Strategie vorsichtigen
Annäherns. Dies hat drei Gründe:

1. Gehärtete Wellen, die den größten Anteil an zu richtenden Werkstücken stellen, ertragen ein Überbiegen und anschliessendes Zurückbiegen nur selten ohne Bruch.

2. Auch ohne Bruch wird die Dauerfestigkeit herabgesetzt.

3. Das für das Zurückbiegen erforderliche Umdrehen der Welle kostet mehr Zeit als ein weiterer Hub des Stößels.

2.1.2 Gezielte statistische Auswertung der Biegeergebnisse

Gegenüber dem sowohl veröffentlichten als auch augenscheinlichen Stand der Technik werden in dieser Arbeit Vorgehensweisen entwickelt, die auf statistischen Methoden beruhen, algorithmischen (und "selbstlernenden") Charakter haben und mit wenigen empirischen Parametern auskommen.

Das erste Element dieser Vorgehensweisen ist, ähnlich dem Verfahren von OVSHINSKY [13], eine Zuordnungsfunktion zwischen "gemessener Formabweichung" und dem "zu deren Beseitigung notwendigen Gesamtumformweg".

2.1.2.1 Zuordnung Formabweichung zu Gesamtumformweg

Werden über eine gewisse Anzahl von Richtvorgängen die Wertepaare aus durchgeführtem Gesamtumformweg und sich daraus ergebender bleibender Formänderung gesammelt, so kann durch diese Punkte eine Ausgleichskurve gelegt werden, die einen mittleren Zusammenhang zwischen Gesamtumformweg und bleibender Formänderung beschreibt. Der Ausgleichsansatz dafür kann so gewählt werden, daß er einen guten Ausgleich ergibt, an den Grenzen des Wertebereiches nicht sinnlos wird. Da die Ausgleichskurve nicht zum Extrapolieren gedacht ist, ist die nahezu freie Wahl eines möglichst einfachen Ausgleichsansatzes nach der Anpassungsgüte zulässig [18]. In Bild 2-1 sind zwei Umformdatensammlungen sehr verschiedener Werkstücke mit ihren Ausgleichskurven zu sehen. Bild 2-1a stammt von der A-Achse des Ausfallendes einer Fahrradgabel (zu Bezeichnungen an Fahrradgabeln siehe Anhang D). Hier genügt bereits eine Gerade als Ausgleichsfunktion, bei der

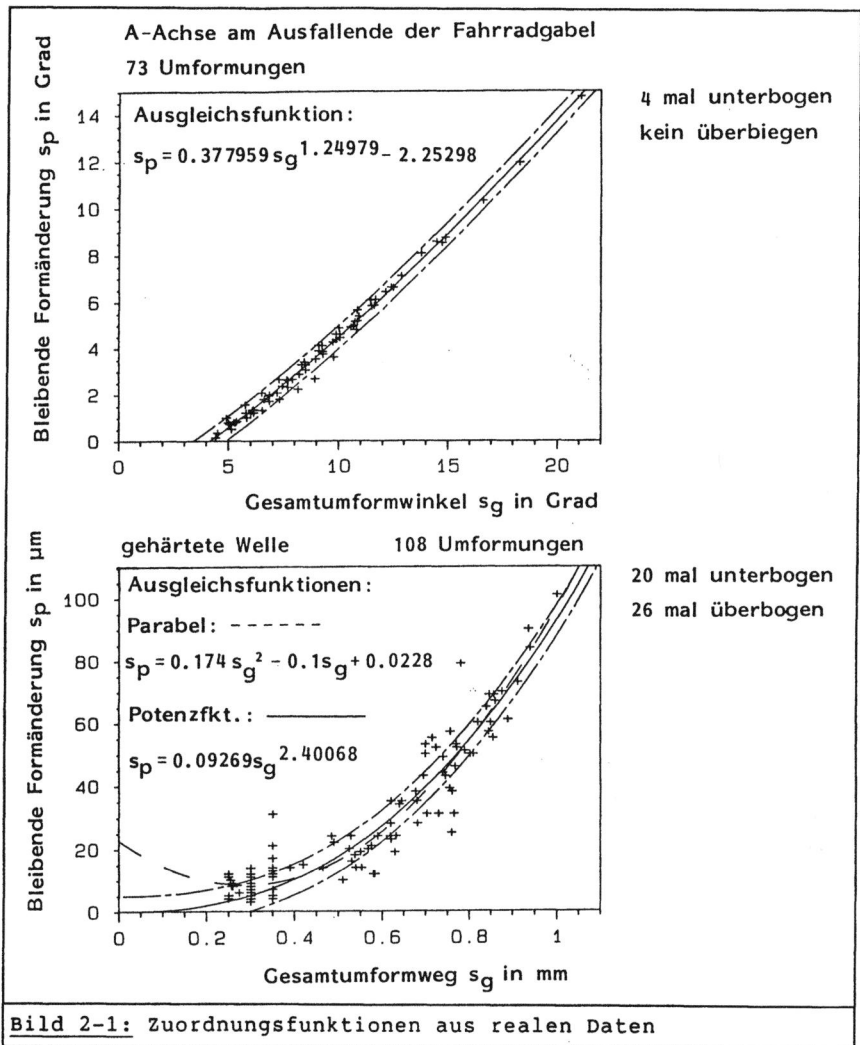

A-Achse am Ausfallende der Fahrradgabel

73 Umformungen

Ausgleichsfunktion:

$$s_p = 0.377959 \, s_g^{1.24979} - 2.25298$$

4 mal unterbogen
kein überbiegen

Gesamtumformwinkel s_g in Grad

gehärtete Welle   108 Umformungen

Ausgleichsfunktionen:

Parabel: - - - - - -

$$s_p = 0.174 \, s_g^2 - 0.1 s_g + 0.0228$$

Potenzfkt.: ─────

$$s_p = 0.09269 s_g^{2.40068}$$

20 mal unterbogen
26 mal überbogen

Gesamtumformweg s_g in mm

Bild 2-1: Zuordnungsfunktionen aus realen Daten

85 % der Punkte innerhalb der gegebenen Toleranz liegen. Mit
einer Potenzfunktion, die auch für den nicht als linear anzuse-
henden Verlauf von Bild 2-1b angewandt werden kann, liegen 94 %
der Punkte innerhalb der gegebenen Toleranz von ±0.5 °. Für die
nicht als linear anzusehende Punktverteilung in Bild 2-1b, die
von einer gehärteten Welle stammt, käme zunächst eine Parabel
als Ausgleichskurve (gestrichelte Linie) in Betracht. Die aber

hat zum Nullpunkt hin einen physikalisch sinnlosen Verlauf. Die Potenzfunktion (durchgezogene Linie) bietet einen ähnlich guten Ausgleich in der Mitte und einen sinnvolleren an den Grenzen des Wertebereiches. Das Verhältnis Streuung zu Toleranz (± 5 μm) ist ungünstiger als bei Bild 2-1a, es liegen nur noch 57 % der Punkte innerhalb des Toleranzbandes.

Ist für eine gegebene Richtaufgabe ein Ausgleichsansatz Z gewählt, so ist nach einer Anzahl von n Umformungen und erfolgter Ausgleichsrechnung der statistische Zusammenhang zwischen Gesamtumformweg s_g und bleibender Formänderung s_p gegeben durch

$$s_p = Z (s_g) \qquad (2-1).$$

Um ein Werkstück zu richten, ist die umgekehrte Zuordnung zwischen gewünschter bleibender Formänderung und dazu notwendigem Gesamtumformweg erforderlich. Diese erfolgt über die Umkehrung der Ausgleichsfunktion Z^{-1}

$$s_g = Z^{-1} (s_p) \qquad (2-2),$$

wobei die Wahrscheinlichkeit des Erreichens des Toleranzbandes durch die Punktverteilung der bisher gemessenen Daten um die Ausgleichskurve gegeben ist. Wird das Toleranzband nicht erreicht, sondern statt dessen eine Formänderung s_{p2} , so wird der folgende Gesamtumformweg s_{g2} aus einer korrigierten Zuordnungsfunktion Z' errechnet (Bild 2-2a). Diese Korrektur erfolgt als Verschiebung von Z um den Fehler $s_p - s_{p2}$ (Höhenlagenkorrektur), so daß Z' durch das aktuelle Wertepaar (s_g ; s_{p2}) verläuft:

$$Z' = Z - (s_p - s_{p2}) \qquad (2-3).$$

Diese Art der Korrektur hat in der Werkstoffphysik die Bedeutung, daß die Streuung der Festigkeit (R_e) des Werkstoffes grösser ist als die Streuung des Verlaufes der Verfestigung. Dies wurde durch die eigenen Messungen an Fahrradgabeln bestätigt. Auch wenn diese Korrektur nur eine grobe Näherung darstellt, so geht sie doch in die richtige Richtung.

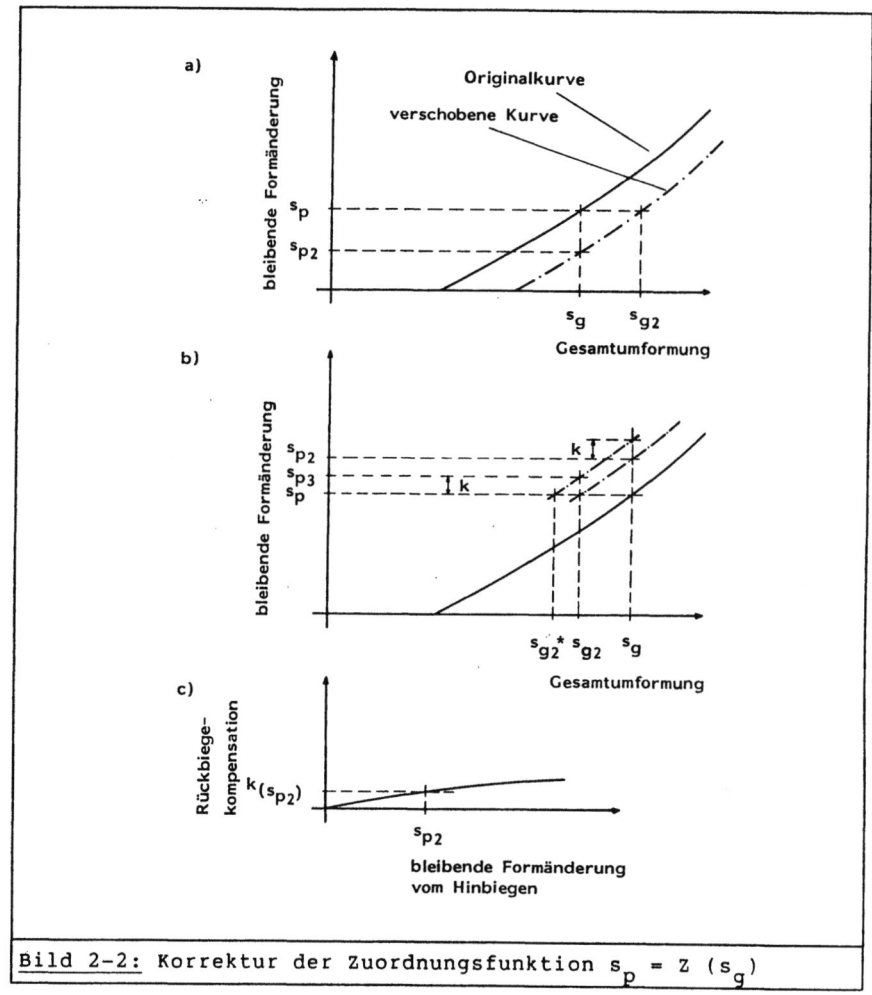

Bild 2-2: Korrektur der Zuordnungsfunktion $s_p = Z(s_g)$

2.1.2.2 Zusätzliche Kompensation beim Zurückbiegen

Die Höhenlagenkorrektur nach Gl. (2-3) ist prinzipiell auch für die Korrektur eines Überbiegens verwendbar (**Bild 2-2b**), wobei der Gesamtumformweg s_{g2} des Folgehubes in die entgegengesetzte Richtung ausgeführt werden muß. Beim Zurückbiegen sind allerdings zusätzliche Effekte zu berücksichtigen, die in der einfachen Zuordnungskurve nicht enthalten sein können.

Beim Umformen in die einer vorhergehenden Umformung entgegengesetzte Richtung ergibt sich aus zwei Gründen eine Absenkung
der Fließgrenze und damit des notwendigen Gesamtumformweges:

1. wird schon im Werkstoff die Fließgrenze durch die Umkehr
   der Umformrichtung herabgesetzt (BAUSCHINGER-Effekt, [15,
   S. 226]).

2. ergibt sich beim Biegen von Vollquerschnitten durch die
   Eigenspannungsausbildung eine Umkehrung des Stützeffektes
   [16] (siehe auch 2.2.3).

Wird s_{g2} für das Zurückbiegen nach **Bild 2-2b** berechnet, so
ergibt sich mit hoher Wahrscheinlichkeit ein nochmaliges Überbiegen, und zwar um so mehr, je größer die Formänderung s_{p2}
bereits war, da die Absenkeffekte bei Richtungsänderung mit
der vorhergegangenen Formänderung zunehmen. Die Daten vom Überbiegen beim Zurückbiegen können genauso wie die anderen Umformdaten gesammelt und durch Ausgleichsrechnung zu einer Kompensationsfunktion K (**Bild 2-2c**) zusammengefaßt werden, die einen
Zusammenhang zwischen zusätzlicher Korrektur und vorangegangener Formänderung beschreibt. Die zu sammelnden Wertepaare be-
stehen also aus der vorangegangenen Formänderung (s_{p2}) und der
sich nach Umformung um die unkorrigierte Gesamtumformstrecke
s_{g2} ergebenden neuen Abweichung

$$k = s_p - s_{p3}.$$

Liegt bereits eine Kompensationsfunktion $k = K (s_p)$ vor, so
lautet die vollständig korrigierte Zuordnungsfunktion Z" jetzt

$$Z" = Z - (s_p - s_{p2}) + K (s_{p2}) \qquad (2-4),$$

deren Inverse $Z"^{-1}$ gemäß Gl. (2-2) zur Berechnung der Gesamtumformstrecke $s_g"$ zu verwenden ist. Nach Durchführung von $s_g"$
kann die Datensammlung für die Kompensationsfunktion K erweitert werden um das Wertepaar (s_{p2} ; $K(s_{p2})-(s_p-s_{p3}^*)$), wenn
s_{p3}^* der Formmeßwert nach Durchführung von $s_g"$ ist.

2.1.2.3 Verringern der Überbiegewahrscheinlichkeit

Wie bereits bei "Stand der Technik" beschrieben, werden (zumindest Wellen-) Richtautomaten in ihrer Qualität auch danach beurteilt, mit welcher Sicherheit sie ein plastisches Überbiegen vermeiden. Die soeben vorgestellte Vorgehensweise ergibt eine gleich große Wahrscheinlichkeit für das Über- wie für das Unterbiegen.

Ist die Überbiegewahrscheinlichkeit $P_{\ddot{u}}$ (ist) zu hoch, so kann die Zuordnungskurve Z (s_g) soweit nach oben verschoben werden, bis ihr oberes Toleranzband die Grenze der gewünschten Überbiegewahrscheinlichkeit $P_{\ddot{u}}$ (soll) berührt. $P_{\ddot{u}}$ (ist) wird berechnet nach Gl. (2-5) und **Bild 2-3**:

$$P_{\ddot{u}} \text{ (ist)} = 1 - \Phi \left(\frac{\mu + t - \mu}{s} \right) = 1 - \Phi \left(\frac{t}{s} \right) \qquad (2\text{-}5);$$

$$\text{mit } \Phi (x) = \int_{-\infty}^{x} \phi(u)\,du$$

$\phi (u)$: GAUSS-Verteilung [19, S. 247f] von u

$u = \dfrac{s_p - \mu}{s}$: normierte Zufallsvariable

$\mu = Z (s_g) \pm S$: mittlere Formänderung

S : Standardabweichung

t : Toleranz

$s_p > \mu$: Überbiegen

$s_p \leqslant \mu + t$: zulässiger Bereich

Wird $\quad z^{*} (s_p) = Z (s_p) + k_{\ddot{u}}$

gesetzt, so ergibt sich der Verschiebewert $k_{\ddot{u}}$ durch Einsetzen in Gl. (2-5) und Auflösen nach Gl. (2-6):

$$P_{\ddot{u}} \text{ (soll)} = 1 - \Phi \left(\frac{\mu + t - (\mu - k_{\ddot{u}})}{s} \right) = 1 - \Phi \left(\frac{t + k_{\ddot{u}}}{s} \right)$$

$$\Leftrightarrow \quad \frac{t + k_{\ddot{u}}}{s} = \Phi^{-1} (1 - P_{\ddot{u}})$$

$$\Leftrightarrow \quad k_{\ddot{u}} = \Phi^{-1} (1 - P_{\ddot{u}}) \cdot s - t \qquad (\geqslant 0) \qquad (2\text{-}6).$$

- 30 -

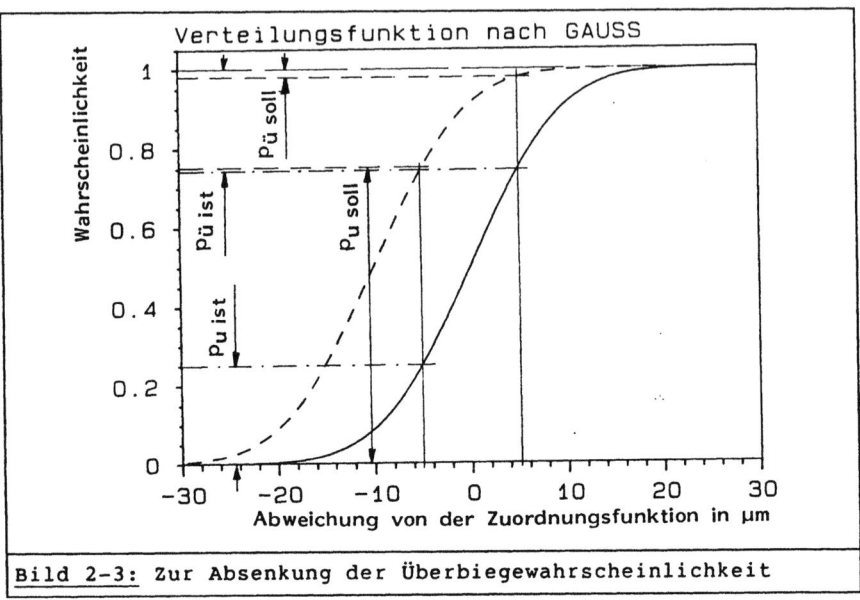

Bild 2-3: Zur Absenkung der Überbiegewahrscheinlichkeit

Würde $k_{ü}$ durch Gl. (2-6) negativ, so bedeutete das, daß die ursprüngliche Zuordnungsfunktion $Z(s_p)$ bereits geringere Überbiegewahrscheinlichkeiten als $P_{ü}$ erbringt und nicht verschoben werden darf. Das Verschieben um $k_{ü}$ nach oben bewirkt die Annahme größerer plastischer Formänderungen, als sie im Mittel gemessen wurden. Bei der Zuordnung nach Gl. (2-2) werden dadurch zu niedrige Gesamtumformwege berechnet, wodurch tatsächlich weniger überbogen wird.

Die verschobene Funktion $Z^*(s_p)$ wird anstelle der in 2.1.2.1 angegebenen, direkt aus der Ausgleichsrechnung stammenden Funktion $Z(s_p)$ für die Berechnung der ersten Umformbewegung nach Gl. (2-2) verwendet. Die Korrektur des Fehlbiegens geschieht dann ohne weitere Änderung wie in Gl. (2-3) beschrieben. Die Verringerung der Überbiegewahrscheinlichkeit bringt automatisch eine stärkere Vergrößerung der Unterbiegewahrscheinlichkeit mit sich, die die Trefferwahrscheinlichkeit insgesamt absenkt. Die bis hierher vorgestellte Vorgehensweise hat nur einen einzugebenden Parameter, nämlich die tolerierbare Überbiegewahrscheinlichkeit $P_{ü}$, die nach technologischen Gegebenheiten des

Werkstücks individuell bestimmt werden muß: Das Ausschußrisiko
beim Überbiegen und dessen Kosten sowie die höhere Produktivität durch kürzere Richtzeiten des Richtautomaten bei höherem $P_{ü}$
müssen gegeneinander abgewogen werden. Alle anderen Daten
ermittelt die Richtmaschinensteuerung während der Produktion
selbst. Die Streuung im Verhalten der Werkstücke bestimmt damit
die "Vorsicht", mit der die erste Umformbewegung durchgeführt
wird. Bei Standardabweichungen in der Größenordnung der einzu-
haltenden Maßtoleranz oder gar darunter liegt die Trefferquote
für die erste Umformbewegung noch in der Gegend von 50 %. Dies
gilt auch bei abgesenkter Überbiegewahrscheinlichkeit.

Ein Rechenbeispiel (Tabelle 2) mit den Daten der Wellen in Bild
2-1b, bei denen die Standardabweichung 50 % über der Maßtoleranz liegt, ergibt etwas ungünstigere Werte für die Unterbiegewahrscheinlichkeit P_u:

Tabelle 2: Trefferwahrscheinlichkeiten bei vorgegebener Überbiegewahrscheinlichkeit			
$P_ü$	$k_ü$	P_u	Trefferquote
2 %	14 μm	89 %	9 %
5 %	7 μm	62 %	33 %

Dennoch zeigt dieses Rechenbeispiel, daß selbst bei einer Überbiegewahrscheinlichkeit von 2 % mit der ersten Umformbewegung
eine Formänderung bewirkt wird, die im Mittel nur 14 μm unter
dem Sollwert liegt. Diese Restabweichung ist bei bereits be-
kanntem Umformverhalten mit relativ hoher Sicherheit im zweiten Hub durchzuführen.

2.1.2.4 Trendfolgestatistik

Damit die beschriebenen Zuordnungsfunktionen von der Steuerung
wirklich selbsttätig ermittelt und einem eventuellen Trend
angepaßt werden können, muß die Steuerung über eine sowohl den
praktischen als auch den physikalischen Anforderungen gerecht
werdende Trendfolgemethode verfügen. Dazu werden alle benötigten Daten gezielt verwaltet und ständig überprüft.

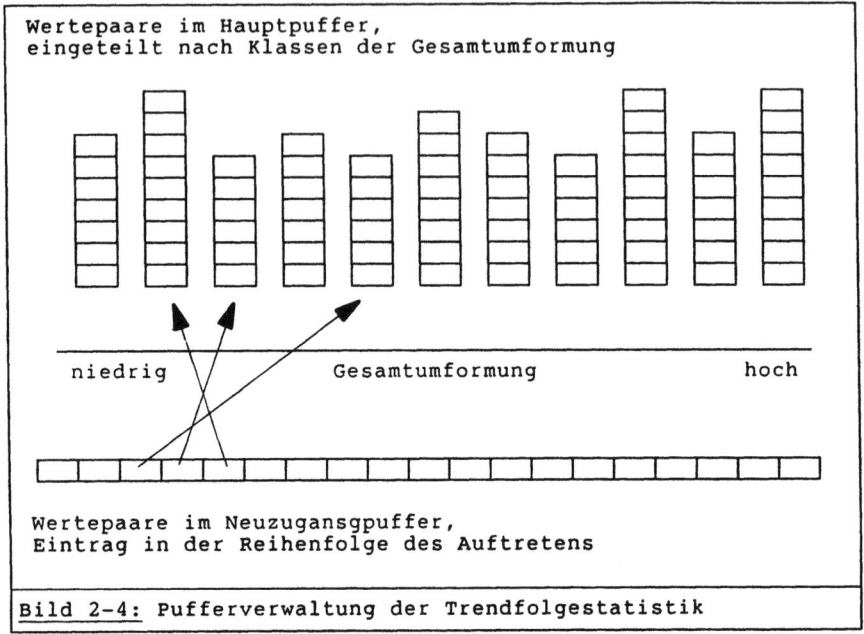

Bild 2-4: Pufferverwaltung der Trendfolgestatistik

Bild 2-4 erläutert die vorgeschlagene Vorgehensweise: Während des Betriebes werden alle sich ergebenden Umformdaten, eingeteilt in Klassen des Gesamtumformweges, in einem Hauptpuffer gesammelt und in die Ausgleichsrechnung für die Zuordnungsfunktion einbezogen. Ist eine vorzugebende Anzahl Daten erreicht, werden die neu hinzukommenden bis zu einer ebenfalls vorzugebenden Anzahl im Neuzugangspuffer abgelegt. Ist auch dieser gefüllt, so werden seine Daten in eine Ausgleichsrechnung für eine neue Zuordnungsfunktion einbezogen. Anschließend werden alle seine Daten anstelle desjenigen alten Datums der zugehörenden Klasse des Hauptpuffers eingesetzt, das in dieser Klasse den größten Absolutbetrag der Ordinatenabweichung von der neuen Zuordnungsfunktion aufweist. Die für die nächste Umformung zu verwendende Zuordnungsfunktion wird nach der Einarbeitung der neuen Daten aus dem gesamten Hauptpuffer berechnet, deren Standardabweichung auch zu einer neuen Anpassung an die vorgegebene Überbiegewahrscheinlichkeit verwendet wird.

Durch die Einteilung in Klassen und das klassenbezogene Einarbeiten der neuen Daten wird vermieden, daß sich die Breite der Datenbasis vermindert, was sonst dazu führen würde, daß die Zuordnungsfunktion am Rande des Wertebereiches mehr als eine Klassenbreite außerhalb desselben benützt werden müßte. Das schrittweise Einarbeiten neuer Daten ergibt eine sanfte Anpassung an den Trend, wodurch Überkorrekturen bei zufällig auftretenden größeren Verhaltensabweichungen vermieden werden. Die Geschwindigkeit der Trendanpassung wird durch die Größen der beiden Puffer bestimmt. Beide Puffer sollten so groß sein, daß eine solide Datenbasis für die Ausgleichsrechnung vorliegt, also mindestens dreimal so viel Daten aufnehmen, wie der Ausgleichsansatz Parameter hat. Bei stärker streuendem Werkstückverhalten (S $\geq$ Toleranz) ist zumindest der Hauptpuffer deutlich zu vergrößern. Nach oben werden die Größen der Puffer nur durch die daraus resultierende Trägheit der Trendanpassung begrenzt.

Eine Gesamtdarstellung des weggesteuerten Richtverfahrens (für eine Richtstelle) gibt Struktogramm <1> in Anhang B.

2.1.3   Erzielte Ergebnisse

Das Zuordnungsverfahren nach 2.1.1 ist an Fahrradgabeln erprobt worden. Eine Absenkung der Überbiegewahrscheinlichkeit ist dabei nicht notwendig gewesen, weil das Überbiegen bei den Gabelwerkstoffen als nicht kritisch angesehen wurde. Die an den verschiedenen Biegeachsen erzielten Ergebnisse sind in den Bildern 2-5a..d grafisch dargestellt und in Tabelle 3 zusammengefaßt.

Tabelle 3 : Ergebnisse des weg-gesteuerten Richtens									
Achse	n_{ges}	S	Tol.	erreicht n_e	%	überbogen $n_ü$	%	unterbogen n_u	%
Y	37	0.76	0.5 mm	16	43.2	8	21.6	13	35.2
Z	27	0.66	1.0 mm	23	85.2	2	7.4	2	7.4
A	27	0.53	0.5 °	20	74.1	2	7.4	5	18.5
C	34	0.53	0.5 °	22	64.8	6	17.6	6	17.6

Wie schon aus den Zuordnungskurven hervorging, war für die Y-Achse eine geringere Trefferwahrscheinlichkeit als an den anderen Achsen zu erwarten. Die erzielten Trefferwahrscheinlichkeiten blieben hinter den durch die Zuordnungskurven erwarteten zurück. Dies war durch die unzureichende Genauigkeit des Gabelrichtmaschinenprototyps bedingt.

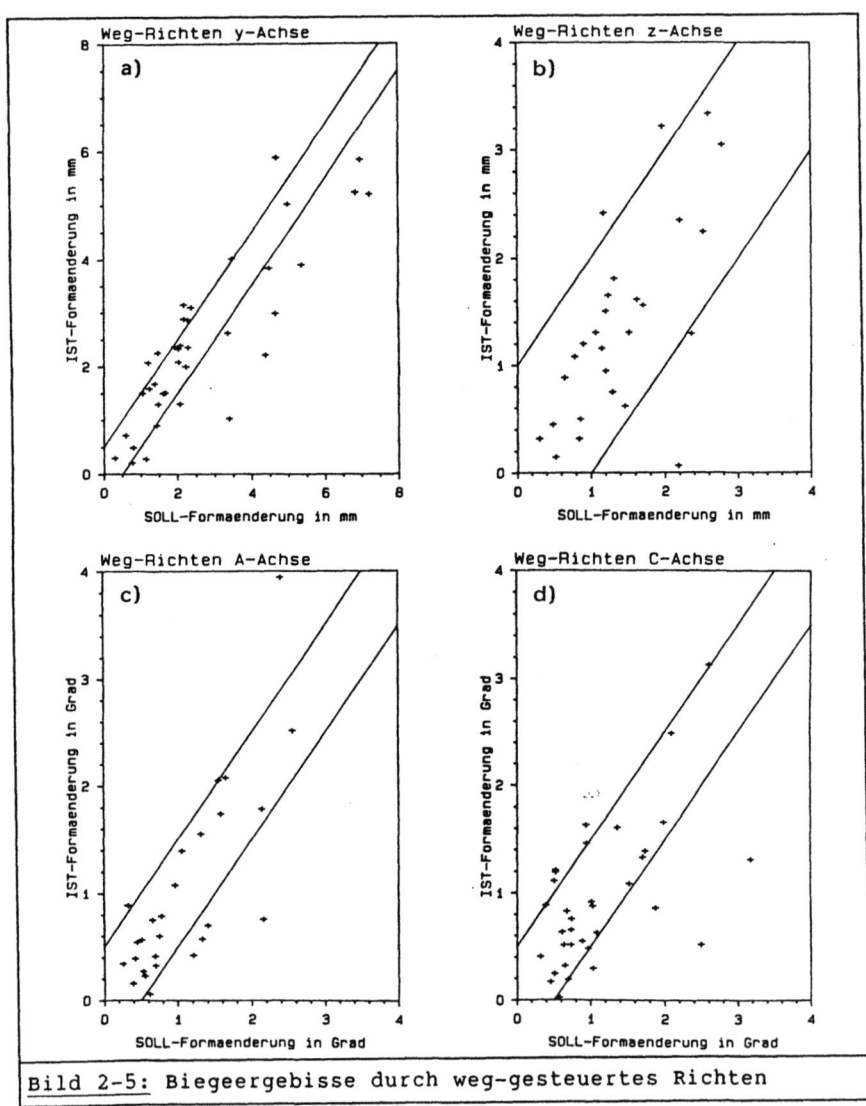

Bild 2-5: Biegeergebisse durch weg-gesteuertes Richten

2.2 Steuerung des Richtvorgangs durch den Kraft/Weg-Verlauf (KWV)

Dieses Verfahren beruht auf der Idee, den Verlauf der Umform-kraft und der Verschiebung des Kraftangriffspunktes während des Umformvorganges zu messen, aus ihm die Elastizitätslinie zu ermitteln und mit ihr den plastischen Anteil zu bestimmen, um dann bei Erreichen des Sollwertes den Umformvorgang abzubre-chen. Der prinzipielle Vorteil dieser Vorgehensweise gegenüber der unter Kap 2.1 beschriebenen liegt auf der Hand: der Richt-vorgang wird nicht aufgrund einer zurückliegenden Erfahrung gesteuert, von der das vorliegende Werkstück ja prinzipiell stark abweichen kann, sondern das Verhalten des vorliegenden Werkstücks wird unmittelbar gemessen und zur Steuerung des Richtvorganges verwendet. Demzufolge kann auch von einem gere-gelten Richten gesprochen werden.

2.2.1 Stand der Technik

Obwohl dieses Verfahren von der Idee her nicht neu ist, kann doch schlecht von einem Stand der Technik gesprochen werden, weil Maschinen, die erfolgreich nach diesem Verfahren arbeiten, bis zum Zeitpunkt der Niederschrift dieser Arbeit nicht käuf-lich waren. Diese Idee ist hauptsächlich Gegenstand von Patent-anmeldungen gewesen, andere, außer eigene [20; 21; 22], Veröf-fentlichungen dazu sind dem Autor nicht bekannt. Die älteste Anmeldung stammt von A.V. de FOREST [23], eingereicht im Jahre

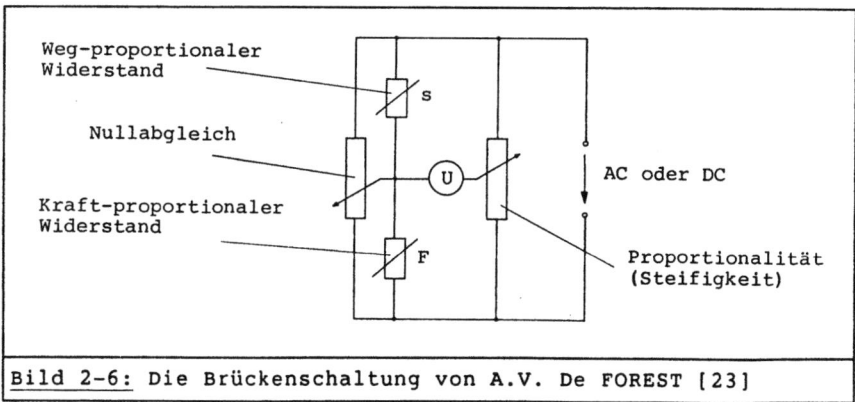

Bild 2-6: Die Brückenschaltung von A.V. De FOREST [23]

1944. Der Anmelder beschreibt eine Brückenschaltung (Bild 2-6) zur Ermittlung der Linearitätsabweichung einer Kurve ("curvature offset") und geht besonders auf die Anwendung dieser Schaltung zum Wellenrichten ein. Er geht davon aus, daß der Kraft-Weg-Verlauf im elastischen Bereich linear ist (HOOKEsche Gerade) und daß die Rückfederung auf einer Parallelen zu dieser vonstatten gehen wird. Die Parallelverschiebung der elastischen Linie in Richtung des Weges (=Linearitätsabweichung) ist dann gleich dem plastischen Anteil an der Gesamtdurchbiegung. Diese Betrachtungsweise entspricht der aus dem Zugversuch [24,S.273f] gewonnenen Erfahrung. Durch die Deutung der Parallelverschiebung als plastischer Verformungsanteil werden Festigkeitsänderungen mit berücksichtigt. De FORESTs Schaltung ist aber nur begrenzt zum automatischen Wellenrichten einsetzbar, da die Brücke von Hand auf die Steigung der HOOKEschen Geraden (=Steifigkeit) eingestellt werden muß. Wenn die Steifigkeit der nächsten Welle anders ist, liefert die Schaltung falsche Resultate. Sie würde sich aber durchaus zur Unterstützung des Bedieners einer Handrichtpresse eignen, der zunächst mit kleinen Belastungen die Einstellung der Brücke korrigieren und anschliessend die Richtbewegung entsprechend der Anzeige durchführen könnte - wenn die elastische Linie beim Wellenrichten garantiert linear wäre. Beim Wellenrichten sind aber Nichtlinearitäten die Regel, wie in Abschnitt 2.2.3 gezeigt wird. Zur Elimination der Einflüsse des Maschinengestells auf die Messung der Durchbiegung schlägt De FOREST eine Drei-Punkt-Wegmessung an der Welle vor, wodurch sich seinen Ausführungen zufolge die Nichtlinearitäten verringern ließen.

Das 1967 von E. WIETIG [25] entwickelte Verfahren sieht eine automatische Fließeinsatzpunkterkennung mit Hilfe eines Differenzierers vor, hält aber die zum Fließeinsatzpunkt zurückgelegte Wegstrecke als zu erwartende Rückfederung fest und vernachlässigt damit jegliche Festigkeitsänderungen. Da beim Biegen, auch bei idealplastischem Werkstoff, eine als Stützeffekt [24, S. 227] bekannte strukturelle Verfestigung eintritt, darf die Aussage WIETIGs, mit seinem Verfahren ließen sich auf Anhieb "beliebige Genauigkeiten" erreichen, bezweifelt werden. WIETIG verzichtet außerdem auf eine Wegmessung: er setzt eine konstante Geschwindigkeit der Umformeinrichtung voraus und

ersetzt die Wegmessung durch eine Zeitmessung. Er hat dabei
vernachlässigt, daß bei relativ steifen Wellen durch die elastische Deformation der Umformeinrichtung, insbesondere des
Druckstücks, die eingeleitete Geschwindigkeit nur zum Teil auf
die Welle übertragen wird. Ebenso ist die Fließeinsatzpunkterkennung mit dem einfachen Differenzierer kritisch: der Erfinder
hat sich am Aussehen der Spannungs-Dehnungs-Kurve des Zugversuches und nicht am Kraft-Weg-Verlauf beim Biegen (Bauteil-
Fließkurve) orientiert. Diese beiden Kurven stimmen jedoch
nicht überein.

Die vom Verfasser entwickelte Methode versucht, die erfolgver-
sprechenden Grundgedanken dieser Anmeldungen zu vereinen und
sie auf eine breite Anwendbarkeit zu verallgemeinern. Sie wird
im folgenden mit ihren Grundlagen dargestellt.

2.2.2 Grundprinzip und Voraussetzungen zur Anwendbarkeit

Die Grundidee entspricht der von de FOREST: Sei F = E (s) der
Zusammenhang zwischen dem Weg s und der Kraft F im elastischen
Teil des KWV während der Belastung, so ist

$$F = E (s - s_p) \qquad (2-7)$$

die Gleichung der Rückfederungslinie nach der bleibenden Formänderung s_p. Aus der Umkehrfunktion E^{-1} der Elastizität läßt
sich für jeden beliebigen Punkt (s_i ; F_i) des KWV der plastische Anteil s_{pi} errechnen nach

$$s_{pi} = s_i - E^{-1} (F_i) \qquad (2-8).$$

An den drei prinzipiellen KWVen in Bild 2-7 kann die Auswirkung
von Festigkeitsänderungen nachvollzogen werden: Gegenüber der
sich als Parallelverschiebung der Elastizitätslinie darstellen-
den erreichten plastischen Formänderung s_p ergäbe die Vernach-
lässigung dieser Erscheinungen - gleichbedeutend mit der Voraussetzung linearelastisch-idealplastischen Werkstoffverhaltens
und homogener Belastung (Zugstab) - bei gleichem Gesamtumformweg s_g die um Δs_p vergrößerte bzw. verkleinerte Formänderung.
Diese Veränderung folgt sinngemäß ihrer Ursache: Verfestigung

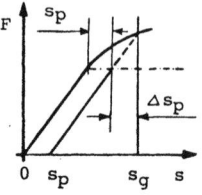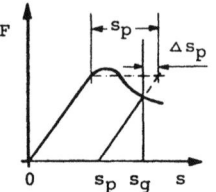

s_g : Gesamtumformung

s_p : bleibende Formänderung

Δs_p : Veränderung gegenüber linearelastisch-idealplastischem
Verhalten

Bild 2-7: Auswirkung von Festigkeitsänderungen

(im Werkstoff oder strukturell) bewirkt kleinere, Entfestigung
(die praktisch nicht vorkommt) größere bleibende Formänderung.

Der prinzipielle Ablauf eines Richtvorganges dieser Art geschieht in drei Phasen:

1. Belastung des Werkstücks (mit gleichmäßiger Geschwindigkeit), während der laufend Wertepaare (Kraft ; Weg) gemessen, gespeichert und durch Ausgleichsrechnung aus ihnen
   die Parameter der Elastizitätsfunktion E bestimmt werden.
   Gleichzeitig muß der KWV auf den Fließeinsatz hin kontrol-
   liert werden, bei dessen Erkennung diese Phase beendet
   wird.

2. Weiterführung der Belastung mit ständiger Messung von
   Kraft und Weg und der Berechnung des plastischen Wegan-
   teils nach Gl. (2-8). Wenn die geforderte bleibende Formänderung erreicht ist, wird diese Phase beendet.

3. Umkehr der Bewegungsrichtung, Entlastung.

Gl. (2-8) hat nur dann Gültigkeit, wenn die Parameter von E(s)
durch die plastische Verformung unverändert bleiben, anders
ausgedrückt, wenn die Steifigkeit konstant bleibt. Diese Hauptvoraussetzung für die Anwendbarkeit des Verfahrens wird erfüllt, wenn

1. der Elastizitätsmodul des Werkstoffs unverändert bleibt;

2. die Geometrie des Werkstücks in Bezug auf die bei der Erzeugung der zum Fließen benötigten Spannung wirksamen Hebel und die in den Umformzonen vorliegenden Flächenträgheitsmomente nicht verändert wird.

Die erste Voraussetzung kann für technische Werkstoffe wie Stahl, Aluminium und Kupferlegierungen als erfüllt gelten, wenn sich die Temperatur des Werkstücks während der Umformung nicht ändert. Die zweite soll anhand einiger Beispiele kurz erläutert

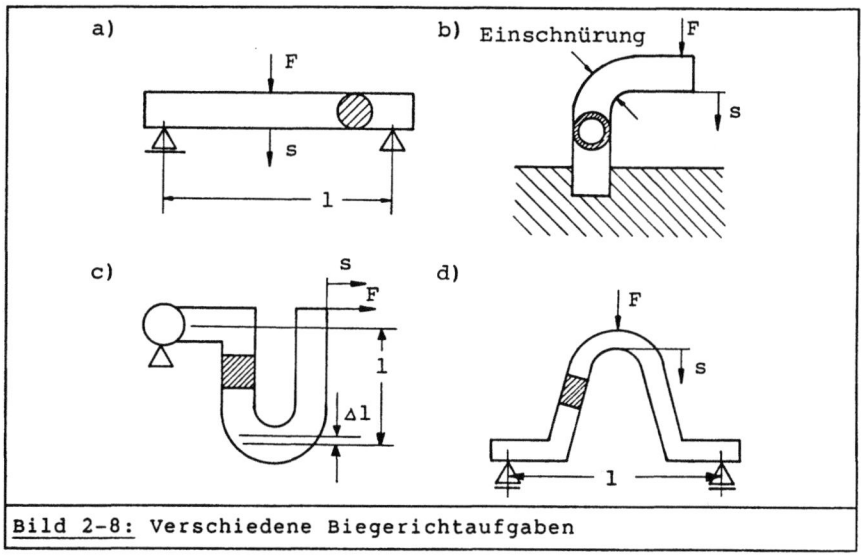

Bild 2-8: Verschiedene Biegerichtaufgaben

werden: **Bild 2-8a** stellt eine idealisierte Anordnung zum Wellenrichten dar, in der in praktisch relevanten Dimensionen die Hebelverhältnisse und Flächenträgheitsmomente konstant bleiben. Im Falle von **Bild 2-8b**, wo ein dünnwandiges, gebogenes Rohr gerichtet werden soll, das am Winkel schon eingeschnürt ist, verändert die Umformung den Querschnitt im Winkel und damit das Flächenträgheitsmoment. **Bild 2-8c** stellt einen Grenzfall dar, der beherrschbar ist, solange die Aufbiegung Δl des U-Bogens die Tiefe l nicht wesentlich verändert (zunächst werden Fehler 2. Ordnung gemacht). Beim Verbiegen eines U-Bogens wie in **Bild 2-8d** verändert sich die Stützlänge l sehr stark während der Umformung durch die wachsende Öffnung des Bogens. Der U-Bogen nach Bild 2-8c wird steifer, weil durch das Aufbiegen die Hebelarme verkürzt werden, der in Bild 2-8d wird schlaffer als Folge der Hebelarmverlängerung. Schlaffer wird auch der Rohrwinkel Bild 2-8b durch Abnahme des Flächenträgheitsmomentes. Bild 2-9 stellt mögliche KWVe der beiden U-Bögen bei verschiedenen bleibenden Formänderungen dar. In diesem Bild wird auch der Effekt einer Steifigkeitsänderung auf die Genauigkeit des KWV-gesteuerten Biegens deutlich: Versteifung führt zum Überbiegen, Erschlaffung zum Unterbiegen.

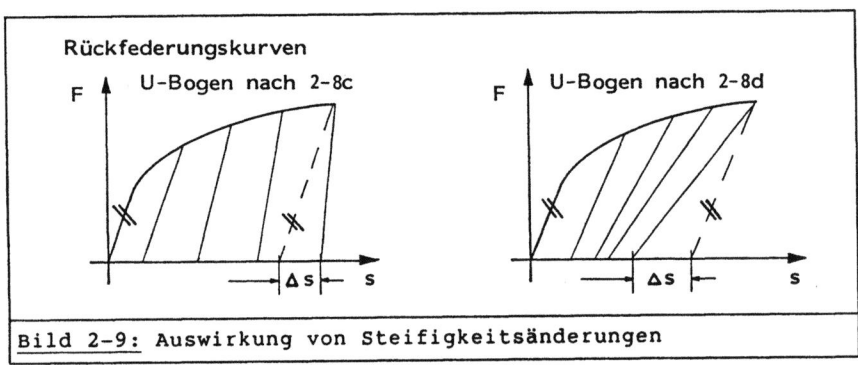

Bild 2-9: Auswirkung von Steifigkeitsänderungen

Abgesehen von Grenzfällen der beschriebenen Art kann auch die zweite Hauptvoraussetzung bei den meisten Richtaufgaben als erfüllt betrachtet werden, da beim Richten üblicherweise nur kleine Abweichungen von der Sollform korrigiert werden müssen. In den Fällen, wo diese Voraussetzung prinzipiell nicht erfüllt ist, gilt es zu betrachten, in welchem Verhältnis der durch die Steifigkeitsänderung bewirkte Fehler zur geforderten Maßtoleranz steht. Ist der Fehler durch Steifigkeitsänderung nicht vernachlässigbar, so kann das Verfahren in einer Erweiterung dennoch angewandt werden, wenn der Verlauf der Steifigkeitsänderung über der bleibenden Formänderung in geschlossener Form $v = V (s_p)$ z.B. aus der Geometrie herleitbar ist, wobei v ein Faktor für die ursprüngliche Steifigkeit ist. Damit wird Gl. (2-7) auf die Form

$$F = E (s - s_p) \cdot V (s_p) \qquad (2-9),$$

erweitert, die nicht mehr allgemein nach s_p auflösbar ist. In diesem Fall müssen numerische Lösungsmethoden angewandt werden.

Zusätzlich zu den Voraussetzungen zum Werkstück sind auch von der Richtmaschine zwei Anforderungen zu erfüllen:

1. Meßanordnung:

    Als Kraft soll nur die in das Werkstück eingeleitete Kraft gemessen werden. Die Kraftmeßeinrichtung ist so anzuordnen, daß sie keine Reibungs- oder Massenkräfte erfaßt. Bei Wellenrichtmaschinen ist die Kraftmeßeinrichtung daher im Druckstück (s. Bild 2-18b) unterzubringen, es darf nicht etwa der Öldruck der Hydraulik als Meßgröße für die auf die Welle einwirkende Kraft verwendet werden. Als Weg soll nur die Formänderung des Werkstückes in Richtung der Belastung erfaßt werden, möglichst direkt in Belastungsrichtung ohne Versatz. Ist das nicht möglich, sollten lediglich linearelastische Verformungen von Teilen der Richtmaschine mitgemessen werden (z. B. der Richtunterlagen beim Wellenrichten).

2. Bewegungsablauf und Krafterzeugung:

    Der Bewegungsablauf soll gleichförmig und frei von Schwingungen sein, die letztlich doch zum Mitmessen von Beschleunigungskräften führen. Bei Richtmaschinen, deren krafteinleitender Teil das Werkstück erst in Bewegung berührt, wie bei den Wellenrichtmaschinen, sind je nach Steilheit des Kraftanstiegs Anfangsschwingungen zu berücksichtigen. Auch die Krafterzeugung muß schwingungsfrei sein[1], da deren Schwingungen das Kraftmeßsignal überlagern.

2.2.3 Der KWV beim Biegen

Um den KWV eines Biegevorganges zum Regeln desselben benutzen zu können, ist zunächst zu klären, wie die KWVe beim Biegen prinzipiell aussehen. Als Beispiel wird die in der Praxis wichtige Vollwelle genommen; wo im folgenden Zahlen auftreten,

---

1)
Bei hydraulischen Antrieben sind Druckspitzen, wie sie insbesondere von Axialkolbenpumpen erzeugt werden, durch geeignete Maßnahmen (Drossel-Speicher-Drossel, Resonator o.ä.) abzubauen, bevor sie den Ölraum des Zylinders erreichen. Bei sehr hohen Anforderungen empfiehlt es sich, die Ölversorung während des geregelten Umformvorganges nur aus einem Druckspeicher zu beziehen.

- 42 -

beziehen sie sich auf eine Welle mit D=28 mm, l= 200 mm im Biegefall 1 [24, S. 198] : Mittige Belastung bei beidseitiger Auflage. An gleicher Stelle ist auch die Formel zur Berechnung der Durchbiegung angegeben, es werden dabei ein homogener Werkstoff, reine Elastizität und kleine Verformungen vorausgesetzt. In realen Wellen jedoch liegen Inhomogenitäten in Form unterschiedlicher Werkstoffzustände und Eigenspannungen als Ergebnis der Härtung vor. Eine geschlossene Berechnung des KWV einer Welle unter solchen Bedingungen ist nicht möglich.

2.2.3.1 Modellrechnungen zum KWV

Um die Auswirkungen der Eigenspannungen und der durch die Oberflächenhärtung unterschiedlichen Stoffgesetze deutlich zu machen, wird eine entsprechende Modellbildung durchgeführt (Bild 2-10): Die Welle wird aufgeteilt in 2 · 80 gleichmäßige Scheiben, jede Scheibe in 2 · 121 Kreisringsegmente gleichen Volumens (Aus Symmetriegründen muß die Rechnung nur für ein Viertel der Welle durchgeführt werden). Für jedes Volumenelement wird nur der axiale Zugspannungs- und Dehnungszustand betrachtet; alle anderen Spannungen werden vernachlässigt (Diese Annahmen werden im übrigen auch bei der Herleitung der Formeln der technischen Biegelehre getroffen). Außerdem kann jedes Volumenelement einem eigenen Stoffgesetz gehorchen.

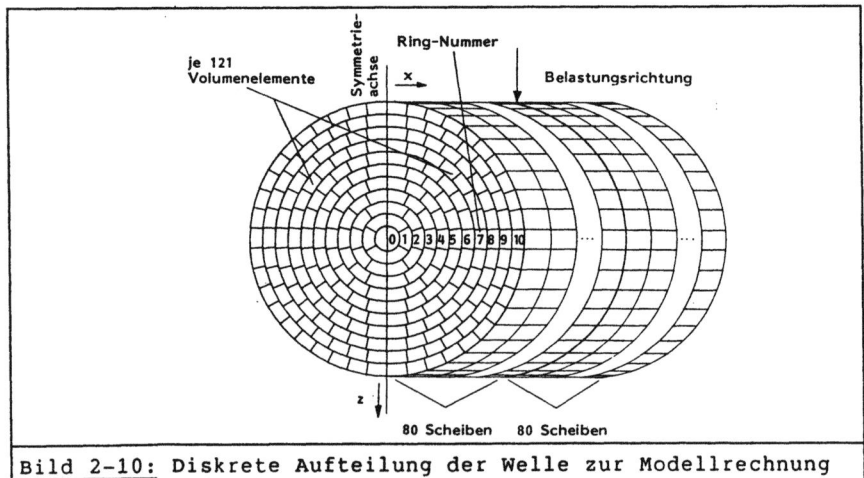

Bild 2-10: Diskrete Aufteilung der Welle zur Modellrechnung

Bild 2-11 zeigt schematisch ein solches empirisches Stoffgesetz, das vom Spannungs-Dehnungsdiagramm des Zug-Druckversuches
[24, S. 226] abgeleitet ist: Der gesamte für die Rechnung zu-
lässige Zustandsraum wird, ausgehend von den Extremalpunkten
Z_E und D_E , durch die obere und untere Begrenzungslinie einge-
rahmt. Durch den Ursprung des Koordinatenystems geht die soge-
nannte "jungfräuliche Kurve", hier "Virgolinie" genannt. Diese
drei Linien, die in ihren geraden Abschnitten den Elastizitätsmodul als Steigung haben, beschreiben zusammen mit folgenden
Regeln das Stoffverhalten vollständig:

1. Bei Belastung, gekennzeichnet durch wachsenden Absolutbetrag der Dehnung, ändert sich die Spannung:
   a) im Bereich 1 und 3 steigt die Spannung mit
      $\Delta\sigma = \Delta\varepsilon \cdot E$, aber nicht über die Virgolinie hinaus.
   b) im Bereich 2 und 4 steigt die Spannung auf einer Paral-
      lelen zur Virgolinie, jedoch nicht über die äußere Be-
      grenzung hinaus (Dehnung als vorgegebene Größe).

2. Bei Entlastung sinkt die Spannung immer mit $\Delta\sigma = \Delta\varepsilon \cdot E$.

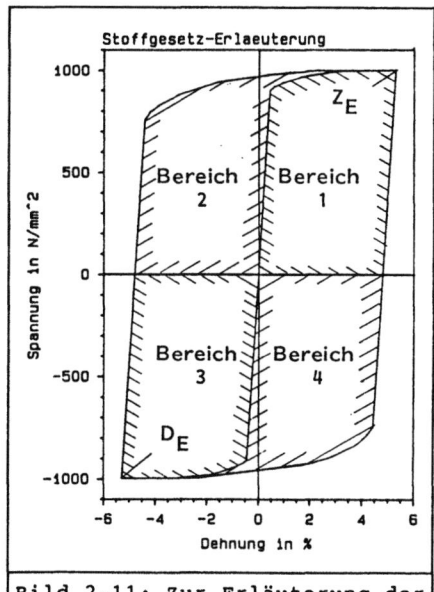

Bild 2-11: Zur Erläuterung der
          Stoffgesetze

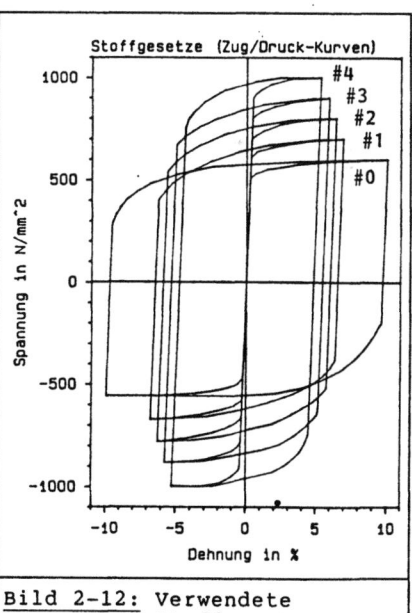

Bild 2-12: Verwendete
          Stoffgesetze

- 44 -

Dieses Stoffverhalten vernachlässigt den Einfluß der elastischen Formänderungsarbeit, der aber für die gewünschte Berechnung des quasistatischen KWV und des verbleibenden Eigenspan-
nungszustandes ohne Bedeutung ist. Ebenso vernachlässigt wird
der Querkrafteinfluß und die eventuelle Verwölbung innerer
Querschnitte (Biegehypothese von BERNOULLI und NAVIER [26]).

Die Modellrechnung geht folgendermaßen vor sich: Die zentral
eingeleitete Kraft, die schrittweise erhöht wird, wird für
jede Scheibe der Welle durch Multiplikation mit ihrer Randent-
fernung in ein Biegemoment umgerechnet: $M = 0.5 \cdot F \cdot x$. Damit die
Scheibe dieses Moment aufnehmen kann, muß sie sich dehnen. Dafür
wird eine über die Scheibe linear verteilte Gesamtdehnung auf-
gebracht. Für jedes Volumenelement wird die neue Spannung zu
seiner anteiligen Dehnung vom bisherigen Spannungs-Dehnungszu-
stand anhand seines Stoffgesetzes errechnet. Diese Spannung
multipliziert mit der Fläche und dem z-Abstand des Volumenelementes ergibt den Beitrag dieses Volumenelementes zum Biege-
reaktionsmoment. Die Gesamtdehnung der Scheibe wird solange
verändert, bis sie das vorgegebene Biegemoment aufnimmt. Die
Gesamtdehnungen aller Scheiben werden zu einer Durchbiegung
aufsummiert, die den zu der eingeleiteten Kraft gehörenden Weg-
Punkt ergibt. Zum Entlasten wird die Kraft wieder schrittweise
reduziert, ansonsten aber genauso gerechnet. Die Stoffgesetze,
die angenommen werden, sind in Bild 2-12 dargestellt und entsprechen fünf verschiedenen Härtungszuständen, wie sie prinzipiell in einem Einsatzstahl auftreten können.

Vor der Simulation des Biegevorganges wird ein gleichmäßiger,
rotationssymmetrischer Eigenspannungszustand vorgegeben, wie er
dem einer gut gelungenen Einsatzhärtung entspricht [27]: Druckeigenspannungen in der Härteschicht, ausgeglichen durch Zug im
Kern (Bild 2-13). Dem Härtungsverlauf entspricht die Zuordnung
der Stoffgesetze über dem Radius.

Die Simulation des Biegevorganges wird in kleinen Schritten
plastischer Formänderung mit wiederholter Entlastung bis zu
einer bleibenden Formänderung von 0.25 mm durchgeführt. Von dem
letzten Entlastungszustand ausgehend wird die Welle zurückgebogen, bis die Krafteinleitungsstelle wieder mindestens auf

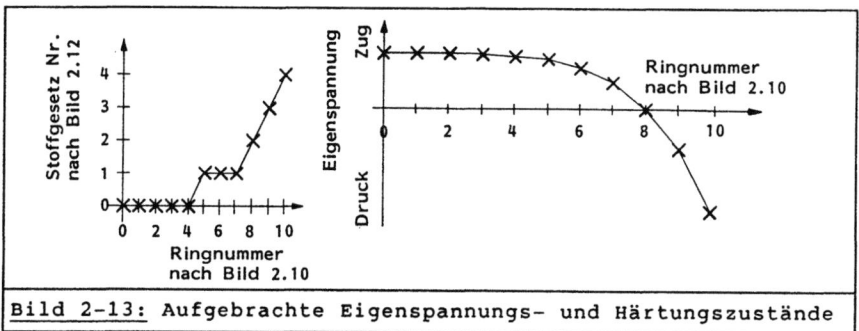

Bild 2-13: Aufgebrachte Eigenspannungs- und Härtungszustände

die Durchbiegung Null zurückgebogen oder ein Bruch eingetreten
ist. Dieses Vorgehen ermöglicht neben der fortschreitenden
Darstellung der bleibenden Form der Welle, der Eigenspannungs-
zustände und der Fließstellen im Querschnitt auch die Darstellung der Unterschiede, die sich zwischen einer einfach um ein
Maß verbogenen und einer auf dieses Maß zurückgebogenen Welle
ergeben. In den Bildern 2-14 bis 2-17 sind die signifikantesten
Modellrechnungsergebnisse vierer Wellen mit unterschiedlichen
Ausgangszuständen zusammengestellt. Die Welle für Bild 2-14
ist, als Referenz für die anderen, eine homogene Welle ohne
Eigenspannungen aus einem linearelastisch-idealplastischen
Werkstoff mit der Festigkeit R_e = 500 N/mm². Die Wellen für die
drei anderen Bilder unterscheiden sich nur in der absoluten
Höhe der Eigenspannungsverteilung. In den einzelnen Feldern der
Bilder ist zu sehen:
Feld a: die KWVe der stufenweisen Belastung, aneinanderhängend;

Aufgetragen über die einzelnen Scheiben der Modellwelle, vom
Aufstützpunkt (links) bis zur Krafteinleitung (rechts):
Feld b: die nach dem Entlasten von den einzelnen Biegeschritten
an den obersten Randelementen der Druckseite verbleibenden Eigenspannungen in axialer Richtung,
Feld c: die aufgebrachte Gesamtdehnung des Randes der Zugseite
in axialer Richtung,

Als räumliche Darstellung des Zustandes der Scheibe unter der
Krafteinleitungsstelle nach dem jeweils letzten Biegevorgang in
der jeweiligen Belastungsrichtung (links hin, rechts zurück),

wobei die linke Teildarstellung den Blick von der Druck- und
die rechte den von der Zugseite bei gleichen Daten darstellt:
Feld d: die verbleibenden Eigenspannungen;
Feld e: Die Eigenspannungsdifferenz zum Ausgangszustand für
die jeweilige Richtung
Feld f: die plastische Dehnungsdifferenz zum Ausgangsszustand
für die jeweilige Richtung, die die Orte des Fließens
deutlich macht.

Im Anhang E sind weitere Diagramme der Zwischenstadien enthalten, die zur Verdeutlichung der Vorgänge hinzugezogen werden
können.

An den KWVen der Welle aus linearelastisch-idealplastischem
Werkstoff kann die Wirkung des Stützeffektes erkannt werden:
Der Fließeinsatz wird bis zur Unkenntlichkeit abgerundet; Bild
2-15f zeigt, daß auch bei der gerechneten Maximalverformung
noch nicht der gesamte Querschnitt zum Fließen gekommen ist.
Weil die verbleibende Eigenspannung für das Zurückbiegen eine
Unterstützung darstellt, ist die dafür benötigte Kraft geringer. Ebenso wird dadurch die Krümmung des KWV nach dem Fließeinsatz bereits geringer, wie es bei den anderen Wellen schon anfangs zu beobachten ist. Nach dem Zurückbiegen ist die Eigenspannung nicht verschwunden, sondern es bleibt ein mehrfach
geknickter Verlauf übrig. Dieser Verlauf entspricht prinzipiell
dem von De BOER und BRUHNS [28] berechneten.

Die anderen, realen Verhältnissen näherkommenden Wellen zeigen
ein prinzipiell einheitliches, vom Idealen jedoch abweichendes
Verhalten: Der Fließeinsatz liegt niedriger, der Kraftanstieg
ist steiler. Im Extremfall ist fast keine Kraft für die erste
Formänderung (Durchbiegung ca. 5 μm) erforderlich. Hier liegt
überhaupt keine reine Elastizität vor. Der glockenförmige Eigenspannungszustand wird zunächst abgebaut (nivelliert), je
nach Höhe der Vorbelastung entstehen aber auch Zugeigenspannungen am Außenrand der Welle. Wegen der Druckeigenspannungen
am Rand tritt das Fließen auf der Zugseite im Inneren der Welle
auf und nicht, wie im Idealfall, am Rand. Da die schwächenden
Eigenspannungen zunächst abgebaut werden, ist beim Zurückbiegen
für die gleiche Formänderung eine höhere Kraft erforderlich.

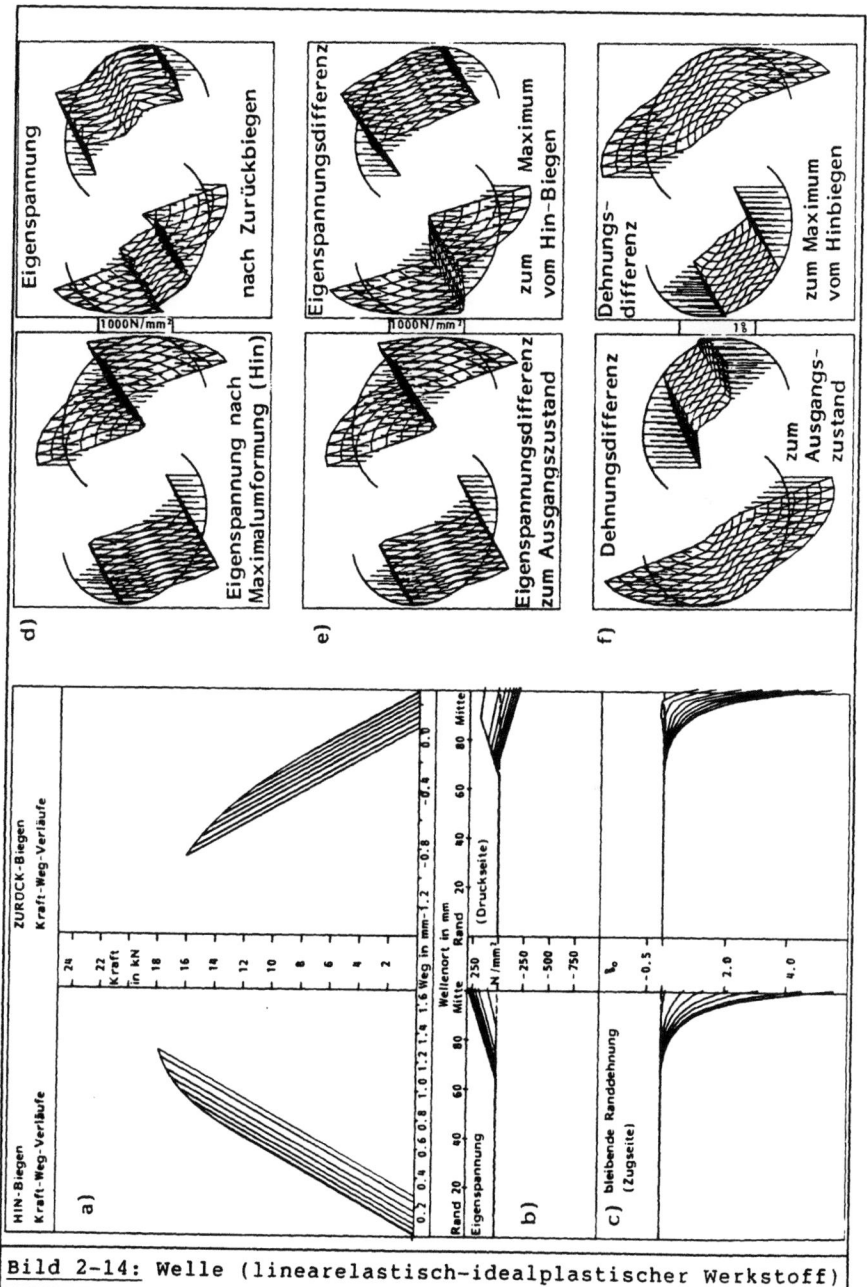

Bild 2-14: Welle (linearelastisch-idealplastischer Werkstoff)

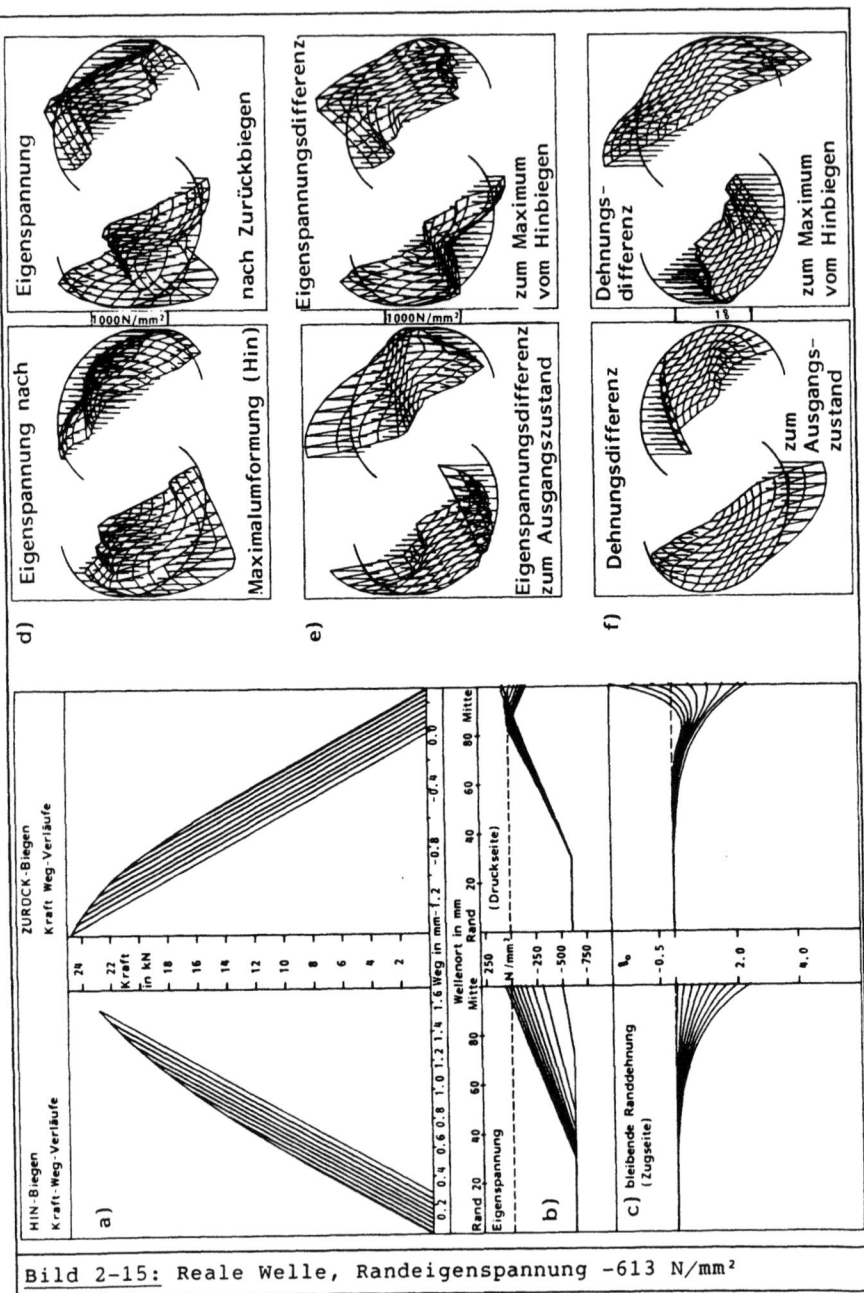

Bild 2-15: Reale Welle, Randeigenspannung -613 N/mm²

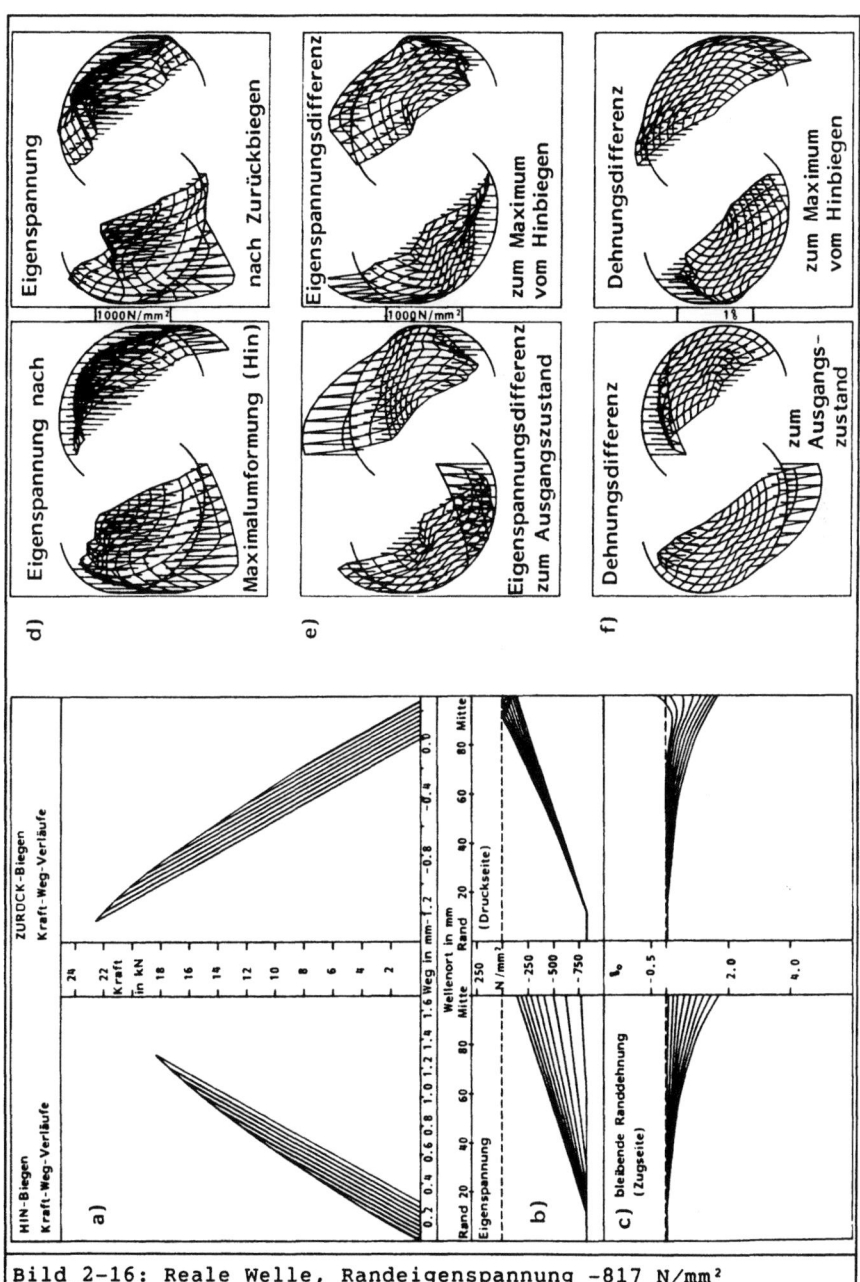

Bild 2-16: Reale Welle, Randeigenspannung -817 N/mm²

- 50 -

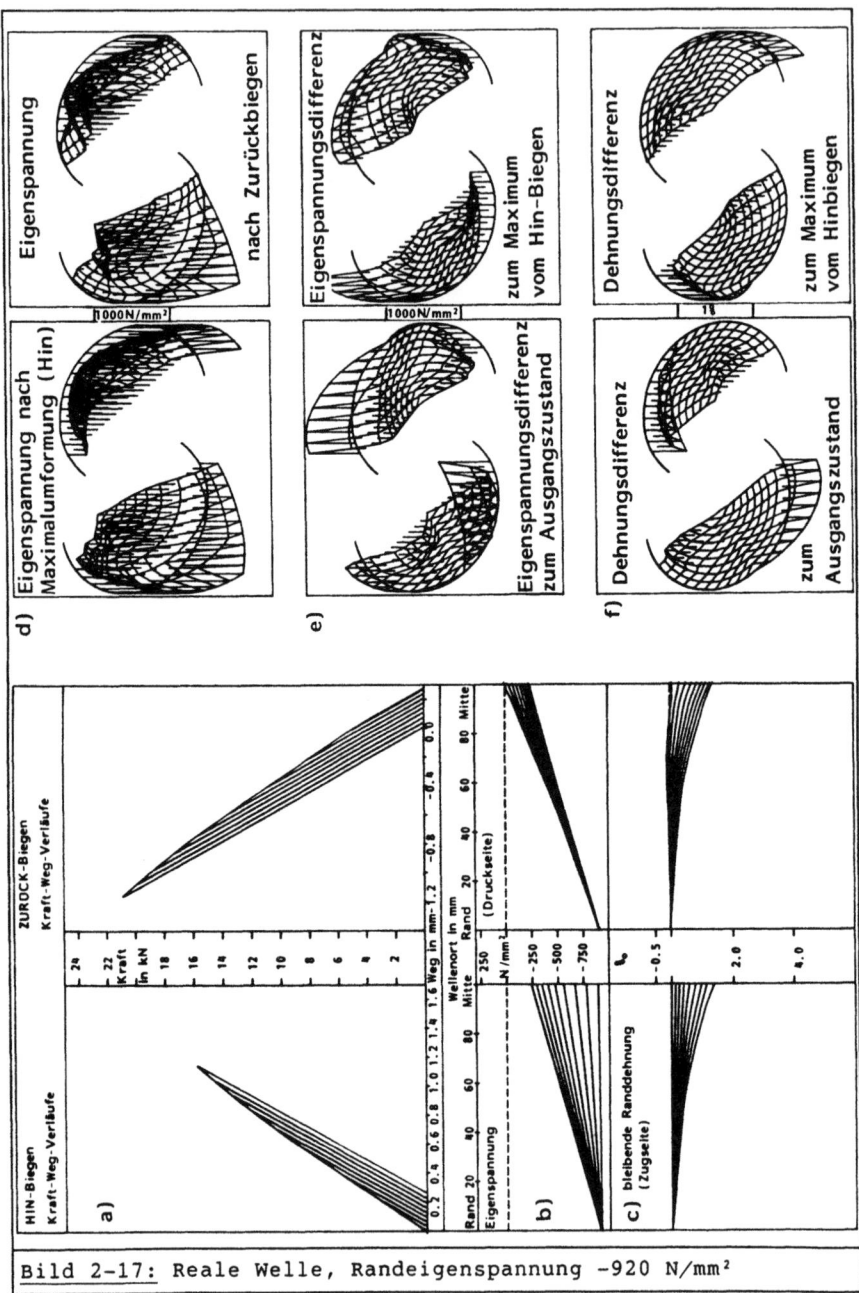

Bild 2-17: Reale Welle, Randeigenspannung -920 N/mm²

Der Effekt, daß am Anfang des Zurückbiegens der Fließeinsatz
wieder abgesenkt und unkenntlich ist, bleibt aber erhalten.

Ein weiterer Unterschied zeigt sich in der Länge des Bereiches
der Welle (Feld c der Bilder), der eine bleibende Dehnung erfährt: Während die Idealwelle sich nur in einem kleinen Bereich
plastisch verformt und die Biegelinie fast einem Knick gleich-
kommt, ist diese Zone bei den anderen Wellen deutlich breiter,
was einer runderen Biegelinie entspricht. Die durch Eigenspannungen extrem vorbelastete Welle verformt sich von Anfang an in
der gesamten Länge. Diese Dehnungsverteilung ist besonders für
Kap. 4 von Interesse.

Ein dritter Effekt ist jedoch allen Wellen wieder gemeinsam:
Durch Zurückbiegen ist keine der Wellen wieder in ihren Ausgangszustand zurückzubringen.

Diese Ergebnisse sind in Anbetracht der Vereinfachungen und
der diskreten Modellbildung quantitativ nicht exakt richtig.
Qualitativ zeigen sie jedoch die Systematik der Einflüsse von
Eigenspannungen und unterschiedlichen Stoffgesetzen auf den KWV
beim Biegen und umgekehrt den Einfluß des Biegens auf den Eigenspannungszustand recht deutlich auf.

2.2.3.2 Vergleich der gerechneten mit gemessenen Kurven

Die Versuchsanordnung zum Messen der KWVe ist in Bild 2-18 dargestellt. Teilbild b zeigt die Anordnung der Wegmeßeinrichtung, Teilbild c eine Ansicht der meistens verwendeten Wellen
("Testwelle"). Drei gemessene KWVe sind in Bild 2-19 zusammengefaßt dargestellt. Der KWV 2-19a stammt von einer einfach zy-
lindrischen, ungehärteten Welle, die anderen von jeweils einem
Exemplar der Testwelle. Die Messungen für Teilbilder a und b
sind mit jeweils kleinen Formänderungsschritten durchgeführt,
die für Teilbild c mit größeren. Als Gemeinsamkeiten zwischen
gemessenen und gerechneten KWVen (Bild 2-14 bis 2-17) fallen
der fast unmerkliche Fließeinsatz und die ständig wachsende
strukturelle Verfestigung durch den Stützeffekt auf. Wie bei
den gerechneten KWVen ist bei der gehärteten Welle (Teilbild b)

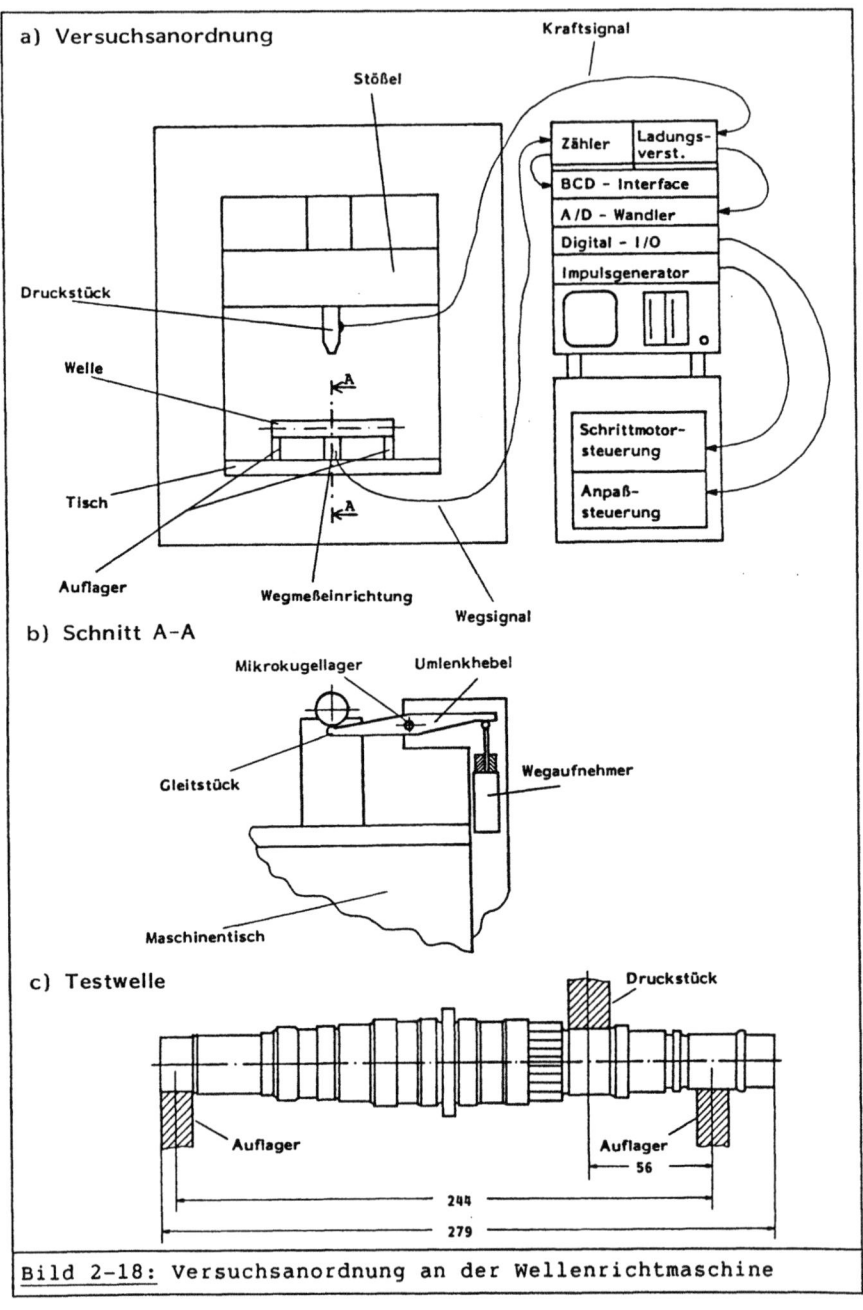

Bild 2-18: Versuchsanordnung an der Wellenrichtmaschine

der stark erniedrigte Fließeinsatz für die erste Verformung
zu erkennen, was bei der weichen Welle nicht zu beobachten ist.
Auch das Wiedereinscheren des KWV in die obere Hüllkurve nach
einer Zwischenentlastung stimmt überein.

Als Hauptunterschied fällt die Krümmung des elastischen Teils
der gemessenen KWVe nach oben auf, die im Entlastungsteil durch
die von der elastischen Formänderungsarbeit herrührenden Hyste-
rese noch verstärkt wird. Mögliche Ursachen für diese Krümmung,
die im weiteren auch als "nichtlineare Elastizität" bezeichnet
wird, werden in Abschnitt 2.2.4 untersucht.

Die abgesehen von der Krümmung prinzipielle Ähnlichkeit der
gerechneten und der gemessenen KWVe bestätigt zum einen die
praktische Gültigkeit der Modellrechnung, zum anderen macht sie
deutlich, daß die kleinen bleibenden Formänderungen bei bereits
sehr niedrigen Biegekräften keine Meßfehler sind, sondern auf
die Eigenspannungsbelastung der Wellen zurückgeführt werden
können.

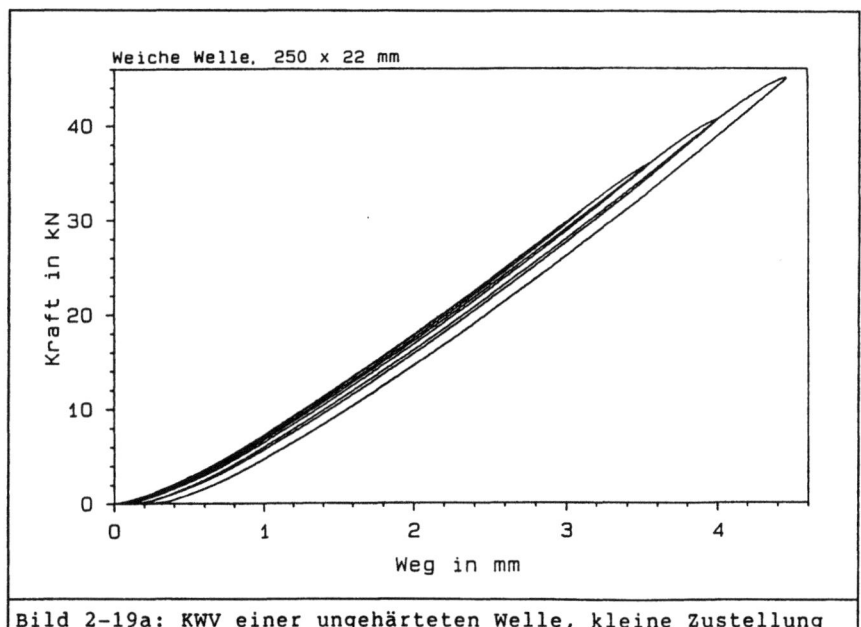

Bild 2-19a: KWV einer ungehärteten Welle, kleine Zustellung

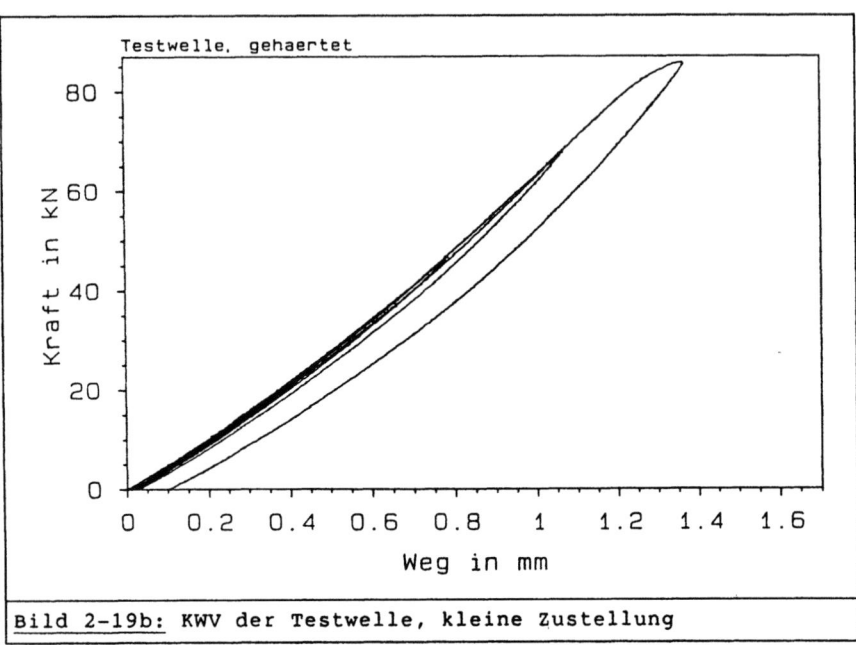

Bild 2-19b: KWV der Testwelle, kleine Zustellung

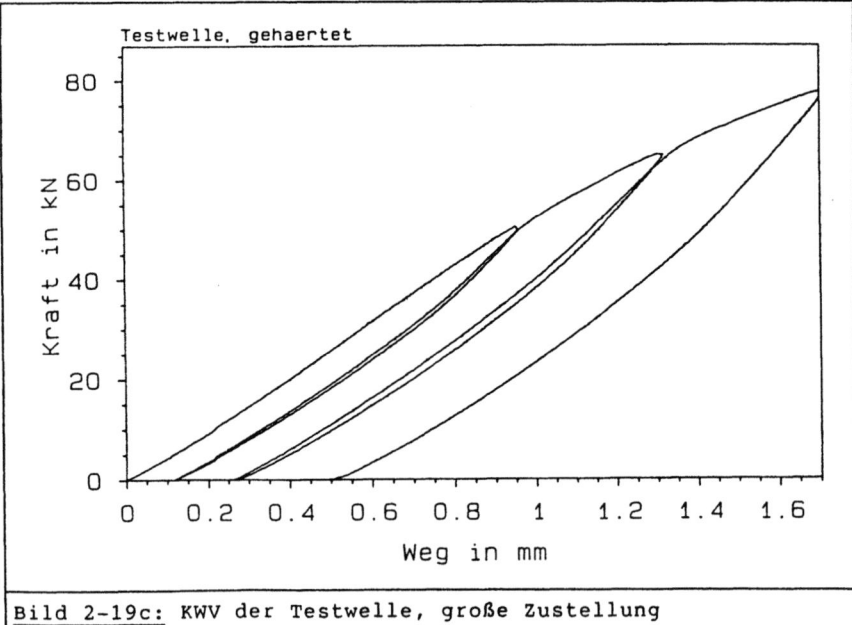

Bild 2-19c: KWV der Testwelle, große Zustellung

2.2.3.3 Brauchbarkeit der KWVe zur Regelung des Biegevorgangs

Um die Rückfederung während des plastischen Teils des Biegevorganges berechnen zu können, müssen während des elastischen
Teils der Belastung die Kenndaten der Elastizität, am besten
durch Ausgleichsrechnung, ermittelt werden. Das setzt voraus,
daß ein Teil des KWV repräsentativ für die Elastizität ist.
KWVe wie in Bild 2-17a, 2-19b genügen diesem Anspruch nicht bei
der ersten Belastung, sondern erst, nachdem ein Teil der Eigenspannungen durch eine erste Dehnung abgebaut worden ist. Beim
Richten von Werkstücken, die prinzipiell einen derart ungünsti-
gen KWV haben können, ist es vorher nicht bekannt, ob ein solcher tatsächlich vorliegt. Daher kommt man bei derartigen Werkstücken bei der Anwendung des KWV-gesteuerten Biegeverfahrens
nicht umhin, eine Vorbelastung ("Vorhub") durchzuführen, die
einen Mindestanteil am nächsten KWV rein elastisch werden läßt.
Bild 2-20 zeigt eine Häufigkeitsverteilung aus 66 am Werkstück
"Testwelle" durchgeführten Vorhüben, die zeigt, daß der größte
Teil der Testwellen bereits bei geringen Dehnungen bleibende
Formänderungen erfährt. Daraus kann ebenso geschlossen werden,
daß der zunächst als extrem angesehene Eigenspannungszustand
der Modellwelle für Bild 2-15, 2-16 mehr die Regel als die Aus-

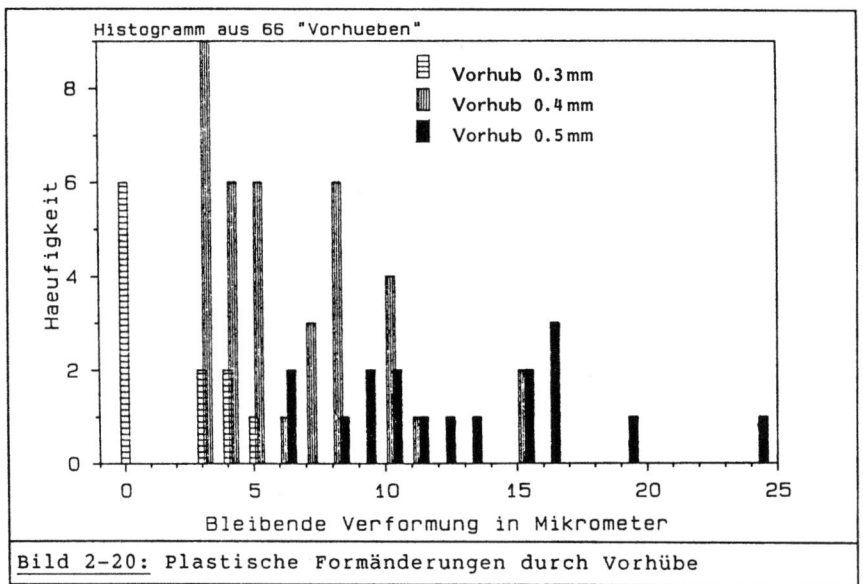

Bild 2-20: Plastische Formänderungen durch Vorhübe

nahme ist. Die Lücke zwischen 0 µm und 3 µm in der Häufigkeitsverteilung beruht darauf, daß bleibende Formänderungen unter
3 µm nach dem Vorhub als in der Ungenauigkeit der Wegmessung
liegend und somit nicht signifikant erachtet wurden.

Die zweite Eigenschaft der KWVe beim Biegen, bis zum Bruch ste-
tige Verfestigung aufzuweisen, stellt hohe Anforderungen an die
Genauigkeit der ermittelten Elastizitätsparameter. Das kleine
Stück Elastizitätslinie, das nach einem Vorhub zur Bestimmung
ihrer Parameter zur Verfügung steht, muß über den Bereich der
Punktsammlung hinaus verlängert (extrapoliert) werden, um jeden
Punkt des KWV zu erreichen. Bei linearer Elastizität ist das
prinzipiell gegeben: eine Ausgleichsgerade bleibt auch jenseits
des Wertebereiches der zu ihrer Berechnung verwendeten Punkte
(=Erfassungsbereich) gerade. Der Umstand, daß bei streuenden
Punkten die Gerade um so schlechter bestimmt ist, je kürzer der
Erfassungsbereich ist, ist zwar zu beachten, wiegt aber nicht
so schwer wie die Problematik eines nichtlinearen Elastizitäts-
verlaufes. Dann nämlich muß auch die Krümmung im Erfassungsbereich für die Krümmung der längeren Rückfederungslinie repräsentativ sein. Das aber ist nur dann wirklich gegeben, wenn die
Elastizität durch eine geschlossene Funktion, die aus den geometrischen Gegebenheiten herleitbar ist, beschrieben werden
kann und nach dieser Funktion die Ausgleichsrechnung durchgeführt wird.

In den Fällen, in denen die Funktion des nichtlinearen Verlaufs
nicht explizit oder nicht geschlossen aus den geometrischen
Verhältnissen herleitbar ist, sondern aus modellhaften Betrach-
tungen oder aus der Auswertung experimenteller Daten gewonnen
werden muß, tritt die Schwierigkeit auf, den richtigen Funk-
tionsansatz zu finden. Denn es ist ohne weiteres möglich, für
ein gemessenes Stück Elastizitätslinie mehrere Funktionen zu
finden, für die die Ausgleichsrechnung gleich gute Korrelation
und Standardabweichung ergibt. Außerhalb des gemessenen Stük-
kes, des eigentlichen Gültigkeitsbereiches, verlaufen die ge-
fundenen Ausgleichskurven unterschiedlich, was dazu führt, daß
die nach Gl. (2-8) berechnete bleibende Formänderung stark vom
gewählten Ansatz der Ausgleichsfunktion abhängt. Zur Wahl der
Ausgleichsfunktion zum Wellenrichten siehe Abschnitt 2.2.6.1.

Die in der Praxis zu erwartende Genauigkeit hängt von dem Verhältnis zwischen zulässiger Maßtoleranz und Rückfederung ab.
Die Unsicherheit in der Berechnung der Elastizität bestimmt
dann die Unsicherheit der Richtergebnisse. Nimmt man die Hauptvoraussetzung (Kap 2.2.2) als erfüllt an, so ist die Unsicherheit der Bestimmung durch die numerische Behandlung und die
statistische Streuung der Meßdaten im realen Betrieb bedingt.
Um z. B. die Durchbiegung der Modellrechnungswelle auf 5 μm
genau durchzuführen, wie es heute von Wellenrichtautomaten gefordert wird, muß die Rückfederung, die etwa 0.5 mm beträgt,
auf mindestens 1 % genau vorherberechnet werden, wogegen für
die y-Achse der Fahrradgabel (Anh. E), bei einer Rückfederung
von 12 mm und der Toleranz von 0.5 mm etwa 4 % ausreichend
sind. Betrachten wir zunächst die Streuung der Meßdaten am
Beispiel der an der Wellenrichtmaschine (Bild 2-18) durchgeführten Versuche: Das Wegmeßsystem, ein Digitaltaster Heiden-
hain MT30, hat eine Auflösung von 1 μm, im relativen Bereich
von 1 mm liegt die Genauigkeit bei 2 μm. Auf Grund der Meßanordnung (Bild 2-18b) ist aber die Ungenauigkeit der Übertragung
mit zu berücksichtigen: Berührung und Bewegung des Gleitstücks
auf der Wellenoberfläche und die Bewegung des Mikrokugellagers
im Tasthebel erhöhen die Unsicherheit um weitere 3 μm. (Diese
Angabe gilt für die Messung des KWV, die Reproduzierbarkeit der
statischen Messung der Wellenform lag bei 1 μm.) Der piezoelek-
trische Kraftaufnehmer an sich arbeitet recht schnell und zuverlässig, jedoch werden Unregelmäßigkeiten im Bewegungsablauf
der Richtmaschine im Kraftverlauf sichtbar mit 1 % vom Meßbe-
reich. Der Ladungsverstärker und der Analog/Digital-Wandler
bringen noch einmal 1.5 % Unsicherheit hinzu, so daß mit ca.
2.5 % Unsicherheit gerechnet werden muß. Selbst wenn die Streuungen zufällig verteilt sind, so muß doch damit gerechnet werden, daß die Lage einer Ausgleichsgeraden in einem Raum von
ungefähr der halben Streufläche unscharf bestimmt ist. Das bedeutet bei einem Erfassungsbereich von 200 μm Weg und 10 kN
Kraft eine Unbestimmtheit für die Steigung im Bereich von
9.87/202.5 bis 10.13/197.5, entsprechend ±1.7 %, was der Anforderung nicht genügt. Bei doppelt so langem Erfassungsbereich
halbiert sich die Unsicherheit und die Genauigkeit entspricht
der Anforderung (< 1%).

Stärker als durch die zufällige Streuung der Meßwerte wird die
Ausgleichsrechnung aber durch Wertepaare gestört, die systematisch von der Elastizitätslinie abweichen. Dies tritt besonders bei allmählichem Fließeinsatz gegen Ende des Erfassungsbe-
reiches ein. Vor allem bei nichtlinearer Elastizität hat dies
starken Einfluß auf den weiteren Verlauf der Krümmung der Ausgleichskurve. Bild 2-21 zeigt den Ausgleichskurvenverlauf für
vier unterschiedliche Erfassungsbereiche an einem gemessenen
KWV, der 0.08 mm bleibende Formänderung bewirkte. Der Unterschied der berechneten bleibenden Formänderung in den Kurvenverläufen beträgt ca 10 %, was bei dem abgebildeten KWV schon
für das Erreichen der Toleranz entscheidend gewesen wäre. In
der Praxis ist daher der Fließeinsatzerkennung große Aufmerksamkeit zu widmen, um die Verfälschung der Ausgleichskurve der
Elastizität zu vermeiden.

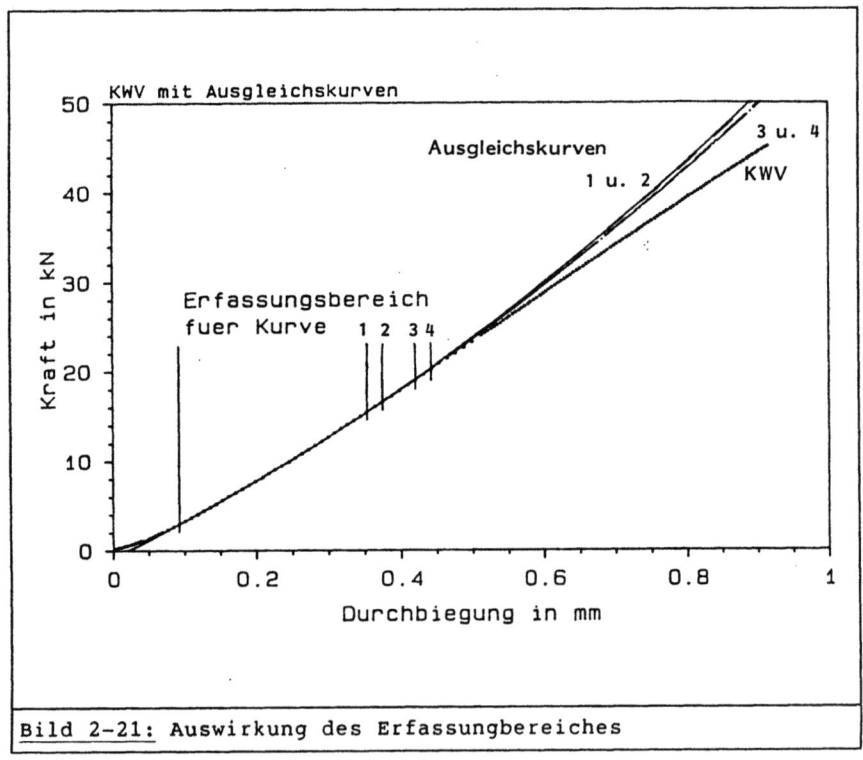

Bild 2-21: Auswirkung des Erfassungbereiches

Es bleibt festzuhalten, daß nicht alle KWVe gleich gut für die adaptive Regelung des Umformvorgangs geeignet sind. Insbesondere die KWVe beim Biegen gehärteter Wellen haben Eigenschaften, die sie zunächst als ungeeignet dafür erscheinen lassen, kleine und kleinste Formänderungen gezielt durchzuführen. Die Einführung der Hilfsmaßnahme einer kleinen Vordehnung und eine hochempfindliche Fließeinsatzerkennung können das Verfahren auch für diesen Anwendungsfall einsetzbar machen. Außerdem wurde deutlich, sowohl an den berechneten wie an den gemessenen KWVen, wie auch aufgrund des Stützeffektes, daß es sachlich unsinnig ist, den KWV beim Biegen mit dem Spannungs-Dehnungsdiagramm des Zugversuches gleichzusetzen, wie es in den anfangs besprochenen Patentanmeldungen [19; 20] getan wird.

2.2.4 Auswirkung realer Störeinflüsse auf den KWV

Wie schon in Abschnitt 2.2.3.2 beim Vergleich der berechneten KWVe mit gemessenen erwähnt, weisen die gemessenen KWVe eine Krümmung auf, die aus der idealen Biegemechanik nicht herleitbar ist. Am Beispiel der realen Verhältnisse beim Wellenrichten sollen daher zwei Störeinflüsse diskutiert werden, die in derselben oder einer abgewandelten Form auch in anderen Richtmaschinen auftreten können, und die diese Veränderung der KWVe bedingen. Betrachten wir dazu noch einmal die Meßanordnung in Bild 2-18b (S. 52). Gegenüber einer Idealanordnung, wie sie in den Biegefallskizzen der technischen Biegelehre [24, S.198] zu finden ist, fallen zwei Abweichungen ins Auge:

1. Die Wegmessung mißt nicht die reine Durchbiegung der Wellenachse gegenüber ihrer Ausgangslage, sondern die Bewegung der Wellenunterseite gegenüber dem Maschinengestell. In dieser Bewegung ist auch die Bewegung der Welle in den Auflagern und die Veränderung der Auflager selbst enthalten. Da die Auflager auf das Gestell aufgesetzt sind, zum Teil noch aus einem Grundkörper und einem Radienanpaßstück zusammengesetzt sind, außerdem die Welle auf ihnen lose aufliegt, ist hierbei das Zusammendrücken von Fugen als Annäherung realer Oberflächen unter Kraft zu berücksichtigen.

2. Die Auflager selbst sind endlich breit statt unendlich
   schmal. Das führt dazu, daß die Welle beim Durchbiegen an
   verschiedenen Stellen des Auflagers wirklich aufliegt, wo-
   mit die zur Erzeugung des Biegemoments wirksamen Hebelarme während der Durchbiegung variieren.

2.2.4.1 Einfluß von Fugen im Kraftfluß auf die Wegmessung

Fugen sind in der betrachteten Gesamtstruktur mindestens an
zwei Stellen enthalten: Zwischen Welle und Auflager sowie zwischen Auflager und Gestelltisch. Die Fugen werden nicht von
zwei ideal formschlüssigen Teilen gebildet, was es erlauben
würde, sie in Bezug auf das elastische Verhalten unter Normalkraft als vernachlässigbar zu betrachten. Sie werden stattdes-
sen von bearbeiteten Oberflächen mit endlicher Abweichung von
der Sollform (Rauheit und Welligkeit) begrenzt. Daher ist unter
Krafteinwirkung eine Annäherung der Grundkörper bei zunehmender
effektiver Berührfläche zu erwarten. Die Zunahme der Berührfläche durch elastische Verformung der bereits berührenden
Teile bewirkt eine Versteifung mit wachsender Kraft, was eine
nichtlineare Elastizität bedeutet.

In der Literatur wurden keine Angaben zum elastischen Verhalten
von Fugen unter quasistatischer Normalkraft gefunden. Durch die
Dissertation von H. SACHS [29] angeregte Nachfragen des Autors
ergaben, daß das Fugenverhalten zur Zeit der Niederschrift der
Arbeit Forschungsgegenstand des Sonderforschungsbereiches 121
an der Universität Hannover ist. Dort werden allerdings hauptsächlich dynamische Aspekte wie das Schwingungs-Übertragungs-
verhalten erforscht.

Um wenigstens eine Abschätzung der Größenordnung und des prinzipiellen Annäherungsverlaufes zu erhalten, wird hier ein einfaches Modell des elastischen Fugenverhaltens aufgestellt und
mit diesem Modell, mit Parametern, die der Versuchsanordnung
ähnlich sind, eine Annäherungskurve errechnet.

Im Modell (Bild 2-22a) besteht die Fuge aus der Paarung einer
realen Oberfläche mit einer idealen Ebene. Die Fuge wird betrachtet als ein zu stauchender Block mit der Ausgangslänge

$$l_0 = f \cdot R_{max} \, ,$$

wobei f einen Tiefenfaktor darstellt, der die weitere Auswirkung der ungleichmäßigen Krafteinleitung berücksichtigt, und
dem tragenden Querschnitt A_t

$$A_t = A_0 \cdot TP \; (a) \qquad ,$$

wobei TP (a) der Traganteil in Abhängigkeit von der Annäherung
a ist. Traganteilkurve und Oberflächendaten entstammen einer
realen Oberflächenmessung eines geschliffenen Stahls (Bild
2-22b).

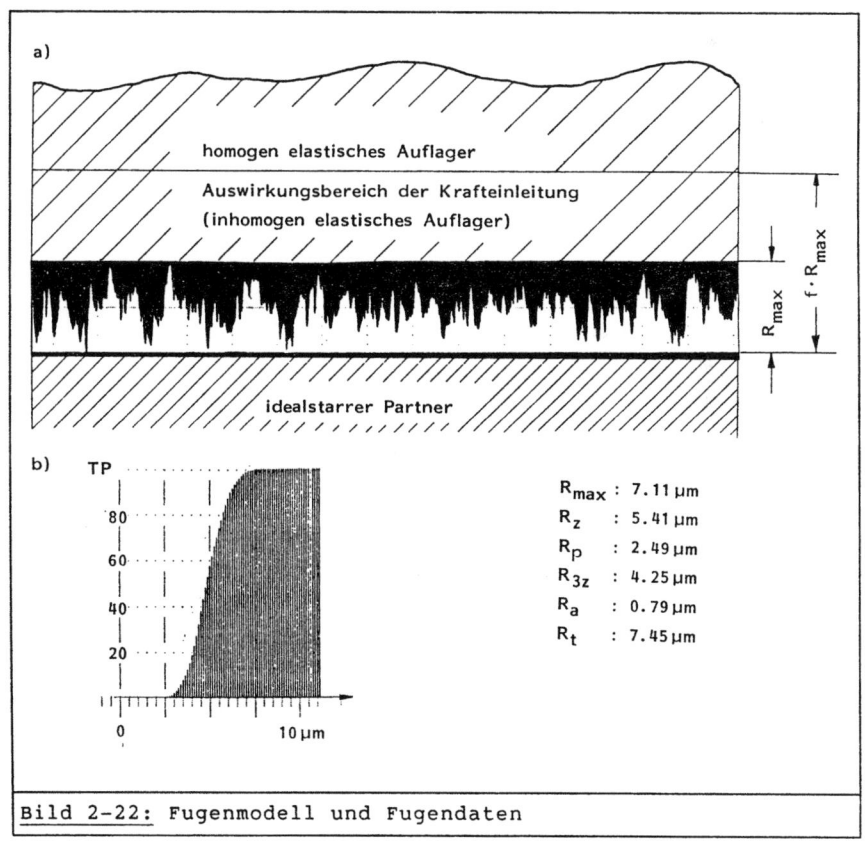

R_{max} : 7.11 µm
R_z : 5.41 µm
R_p : 2.49 µm
R_{3z} : 4.25 µm
R_a : 0.79 µm
R_t : 7.45 µm

Bild 2-22: Fugenmodell und Fugendaten

In Erweiterung der üblichen Formel für die Blockstauchung
ergibt sich eine explizite Gleichung für die zur Annäherung a
erforderliche Kraft F

$$F(a) = A_0 \cdot \frac{a \cdot E \cdot TP(a)}{f \cdot R_{max} - a}$$

Für eine Fuge mit 20 · 40 mm Fläche, wie sie z.B. in einem Wel-
lenauflager enthalten sein kann, zeigt Bild 2-23 die reine
Annäherung bei f = 1; Bild 2-24 zeigt die Gegenüberstellung von
mehreren gerechneten Auflagerstauchungskurven eines Auflagers
der gleichen Fläche und 160 mm Höhe mit verschiedenen Tiefenfaktoren zu einer gemessenen Auflagerstauchung, zu der Bild
2-25 die Versuchsanordnung zeigt.

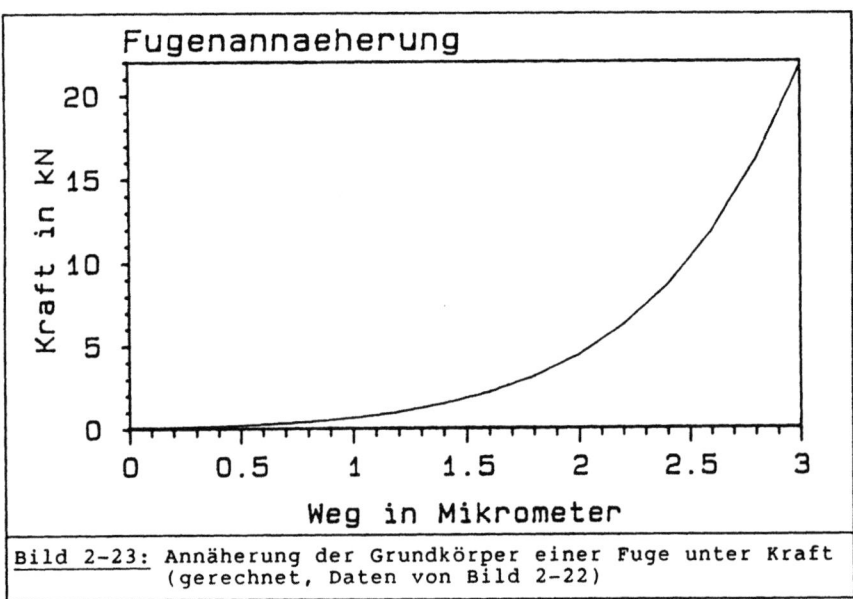

Bild 2-23: Annäherung der Grundkörper einer Fuge unter Kraft
(gerechnet, Daten von Bild 2-22)

Mit Ausnahme des sehr flachen Anfangs der gemessenen Kurve, der
auf ein anfängliches Verkippen des Zwischenstücks zurückzufüh-
ren ist, zeigen gerechnete und gemessene Kurven prinzipiell
ähnliche Verläufe. Der Unterschied in der Größenordnung der
Verschiebung und der Krümmung der Kurve ist zu begründen durch
größere Rauhtiefe, eventuell auch Formabweichungen der Fugenpartner.

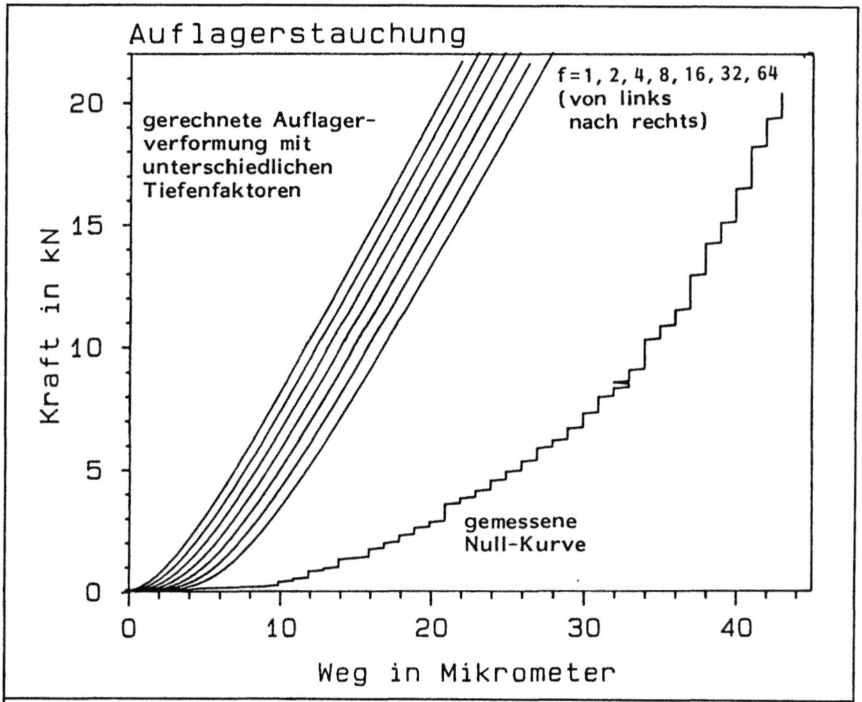

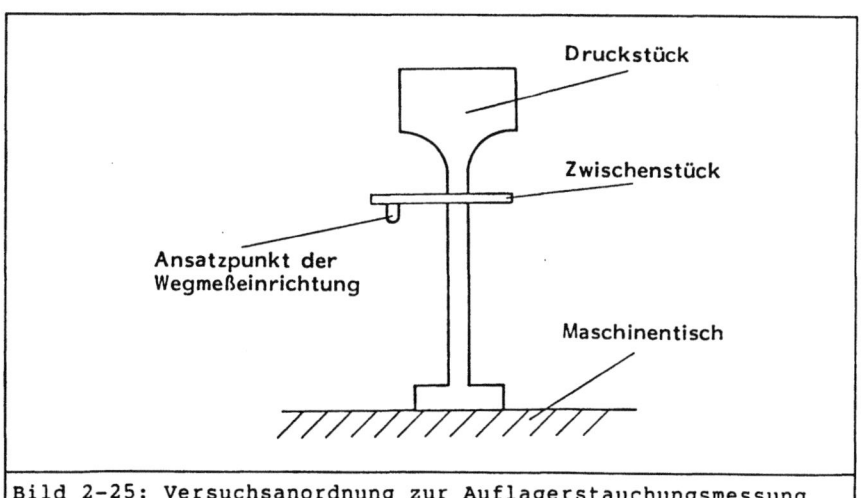

Auflagerstauchung
Kraft in kN
20
15
10
5
0
gerechnete Auflager-
verformung mit
unterschiedlichen
Tiefenfaktoren
f=1, 2, 4, 8, 16, 32, 64
(von links
nach rechts)
gemessene
Null-Kurve
0
10
20
30
40
Weg in Mikrometer

Bild 2-24: Gegenüberstellung gerechneter und gemessener Auflagerstauchungskurven

Druckstück
Zwischenstück
Ansatzpunkt der
Wegmeßeinrichtung
Maschinentisch

Bild 2-25: Versuchsanordnung zur Auflagerstauchungsmessung

Fugen im Kraftfluß bewirken eine Krümmung der Elastizitätslinie nach oben, die zu Anfang eine relativ geringe Steifigkeit der Gesamtstruktur zur Folge haben. Mit steigender Kraft läßt die Krümmung jedoch nach und die Kurve nähert sich asymptotisch der linear-elastischen Linie, deren Steigung durch die Blockstauchung der Grundkörper der Fugenpartner gegeben ist.

2.2.4.2 Einfluß endlich breiter Auflager beim Wellenrichten

Die Formeln der technischen Biegelehre gehen von punktförmigen Auflagern und während der Verformung konstanter Stützlänge aus. Die im Versuch (und in der Praxis) verwendeten Auflager haben aber eine endliche Breite und somit stellt sich die Frage, wo die Welle effektiv aufliegt und wie groß die effektive Stützlänge ist. Den Extremfall der Stützlängenvariation illustriert Bild 2-26: Wellen werden zum Richten mit dem Rundlauffehler nach oben auf die Auflager gelegt, wodurch sie anfangs außen aufliegen. Beim Richten werden sie wegen der Rückfederung über die Ideallinie hinaus durchgebogen, weshalb sie bei höchster Kraft innen aufliegen. Daher nimmt die Stützlänge während des Richtvorganges um fast die ganze Breite beider Auflager ab.

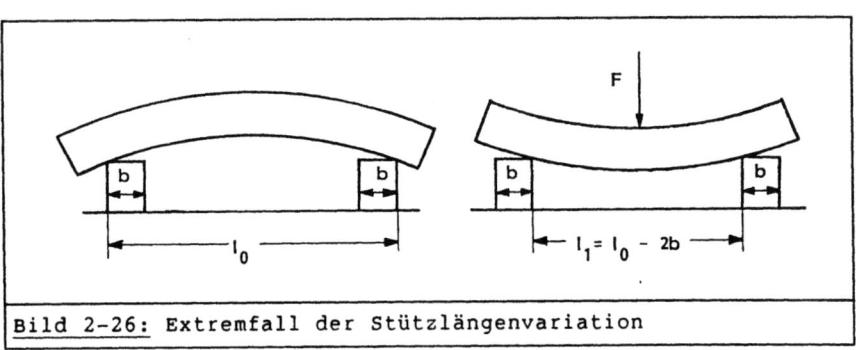

Bild 2-26: Extremfall der Stützlängenvariation

Im Modell-Biegefall ist die zur Erreichung einer Durchbiegung s erforderliche Kraft F gegeben durch [24, S. 198]

$$F = \frac{48 \cdot E \cdot I \cdot s}{l^3}$$

Das Verhältnis der für die Stützlänge $l_1 = l_0 - 2b$ (<u>Bild 2-26</u>) erforderlichen Kraft F_1 zur im Fall konstanter Stützlänge l_0 erforderlichen Kraft F_0 ist

$$\frac{F_1}{F_0} = \frac{l_0^3}{(l_0 - 2 \cdot b)^3}$$

Für die dem Versuchsbiegefall ähnlichen Daten

$$l_0 = 200 \text{ mm, } b = 15 \text{ mm}$$

ergibt sich ein Kraftverhältnis von ca. 1.6 bei einer Stützlängenverminderung um die gesamte Auflagerbreite. Zur Größenabschätzung der Wirkung auf die Linearität wird zunächst einmal eine lineare Auflagervariation

$$\Delta l = F \cdot \frac{2 \cdot b}{F_{max}} \qquad ; \quad l = l_0 - \Delta l$$

angenommen. Aus einer umgekehrten Beispielkurve (<u>Bild 2-27</u>) für

$$s (F) = \left[l_0 - \frac{2 \cdot b \cdot F}{F_{max}} \right]^3 \cdot \frac{F}{48 \cdot E \cdot I}$$

mit den Daten $l_0 = 200$ mm, $r = 14$ mm, $b = 15$ mm, $F_{max} = 14$ kN wird die maximale Linearitätsabweichung mit 10 % entnommen.

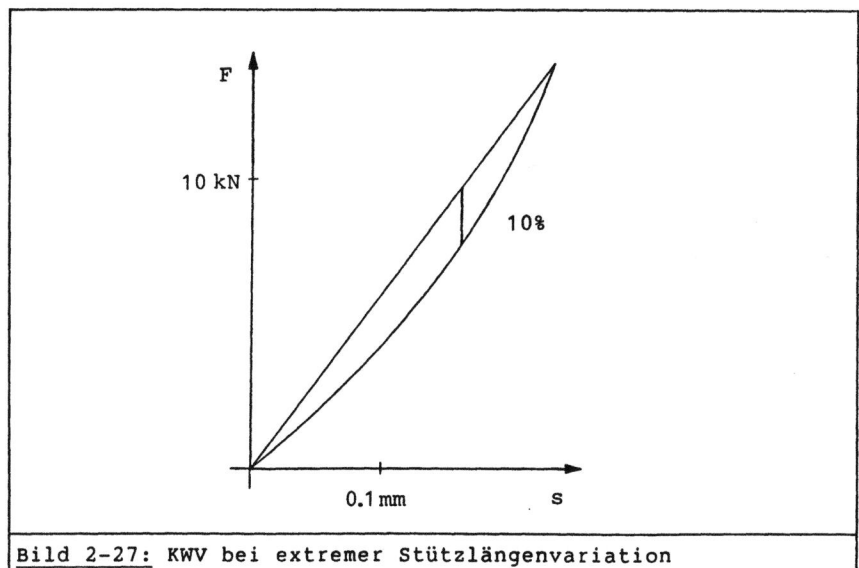

<u>Bild 2-27:</u> KWV bei extremer Stützlängenvariation

In der Praxis wird die Stützlängenvariation nicht die ganze
Auflagerbreite erfassen, da immer ein endlich breites Stück als
Auflage dienen muß. Zur Klärung des effektiven Verlaufs der
Stützlängenvariation wurde eine vereinfachende Modellbildung
durchgeführt, die in Anhang C beschrieben und mit Ergebnissen
dargestellt ist. Diese Modellbildung ergibt jedoch zum Teil
Ergebnisse, wie sie in der Praxis nicht gemessen worden waren,
so daß die berechneten Auflagervariationen nur als Anhalt zu
verwenden sind.

Anschaulich nachvollziehbar sind zwei qualitative Ergebnisse
dieser Modellrechnung:

1. Der Hauptteil der Verringerung der Stützlänge geschieht
   am Anfang der Belastung, genau auf der Strecke, in dem die
   Geradheitsabweichung elastisch überwunden wird.

2. Der Übergang von der Auflage außen zur Auflage innen voll-
   zieht sich um so plötzlicher, je besser die Radien der
   Welle und des Radien-Anpaßstücks des Auflagers zueinander
   passen.

Diese Aussagen gelten jedoch nur für Auflageflächen, deren
Schnittlinie mit der Ebene, die von der Wellenachse und der
Belastungsrichtung aufgespannt wird, parallel zur Sollachse
der Welle liegt : also für ganz neue, sauber gefertigte Aufla-
ger. Während der Benutzung arbeiten sich die Wellen aber in die
Auflager ein, so daß eine nach innen abgerundete Form wie in
Bild 2-28 entsteht, die eine verhältnismäßig kontinuierliche
Stützlängenverminderung ergibt.

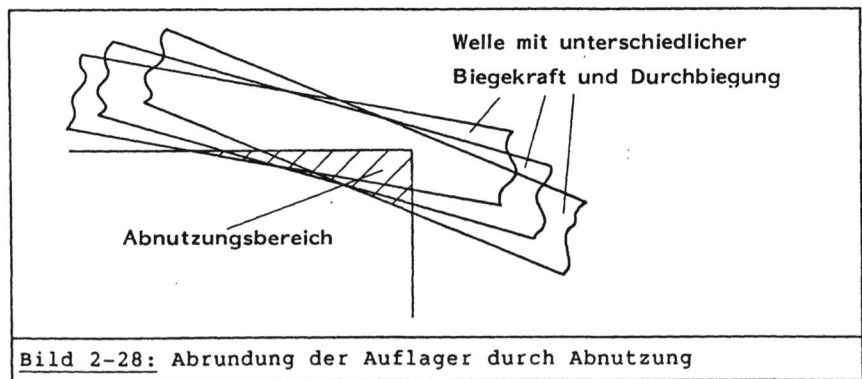

Welle mit unterschiedlicher
Biegekraft und Durchbiegung

Abnutzungsbereich

Bild 2-28: Abrundung der Auflager durch Abnutzung

2.2.5 Algorithmus des KWV-gesteuerten Biegens

In den vorangegangenen Abschnitten wurde gezeigt und begründet, daß die KWVe beim Biegen in der Praxis stark von der Bauteilfließkurve einer Welle aus linearelastisch-idealplastischem Werkstoff abweichen. Die Eignung der Biege-KWVe zum Regeln des Biegevorganges ist einschränkt. Bei hinreichend empfindlichen Algorithmen ist die Regeleung dennoch möglich. Der wichtigste Teil ist die Ermittelung der Elastizität, die sich aus der Ausgleichsrechnung zur Elastizitätslinie und der Fließeinsatzerkennung zusammensetzt. Die Art der Ausgleichsrechnung ist in [19, S. 323 ff] beschrieben, so daß die Aufmerksamkeit der Fließeinsatzerkennung gewidmet werden kann. Vorher wird noch ein weiterer Aspekt behandelt, der die Güte der Ausgleichsrechnung steigern kann.

2.2.5.1 Anfangsstörunterdrückung

Wie auf Bild 2-29, das einen repräsentativen KWV von der Testwelle einschließlich seiner numerischen Ableitung nach dem Weg zeigt, deutlich zu erkennen ist, ist der Anfang besonders rauh und unsystematisch. Die Ausgleichsrechnung über eine Kurve kann besonders dann als gut zutreffend gewertet werden, wenn auch die Ableitungen übereinstimmen. Es existiert keine Funktion mit wenigen Paremetern, deren Ableitung der des KWV anfangs folgt. Da für die Regelung des Biegevorganges aber nicht eine exakte Beschreibung des Anfanges des KWV, sondern eine zuverlässige Beschreibung des weiteren Verlaufes des elastischen Anteils nach Erkennung des Fließeinsatzes erforderlich ist, ist es legitim, den "gestörten" Anfang des KWV von der Ausgleichsrechnung zur Elastizität auszuschließen. Die beiden Geraden, die die Ableitung je einer Ausgleichsparabel über den KWV mit und ohne Anfang darstellen, machen deutlich, daß die Einbeziehung des Anfangs den gesamten Parabelverlauf so sehr stört, daß die Ableitungen nur noch wenig übereinstimmen, was besonders für die Extrapolation zu höheren Kräften hin entscheidend ist. Wenn die Ableitungen der Ausgleichskurve und der Originaldaten schon im Erfassungsbereich einander nicht mehr ähneln, so weichen die Kurvenverläufe außerhalb mit Sicherheit stark voneinander ab.

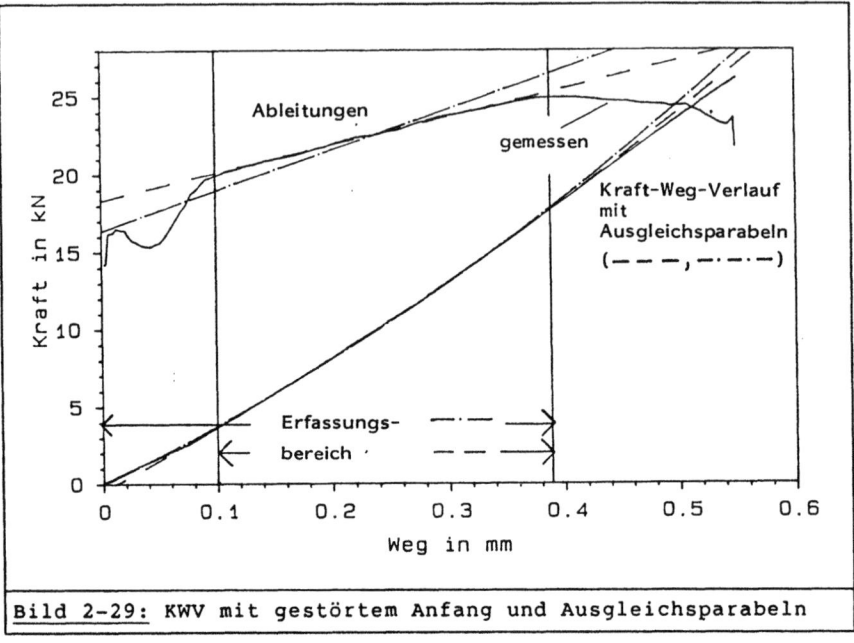

Bild 2-29: KWV mit gestörtem Anfang und Ausgleichsparabeln

Durch die in Abschnit 2.2.4 diskutierten Störeinflüsse werden
die KWVe im elastischen Bereich nur leicht gekrümmt, die Ableitung kann daher nur gerade (bei parabolischem Verlauf des KWV)
oder auch leicht gekrümmt sein. Als Kriterium für das Ende der
Anfangsstörung kann daher gelten, daß die Ableitung des KWV
über ein hinreichendes Stück mit guter Korrelation eine Gerade
darstellt. Dieses Kriterium läßt sich mit Hilfe verschiedener
Ausgleichsrechnungen gut algorithmieren, wobei die Länge des
Geradenstücks und die Mindestkorrelation als Parameter einge-
hen. Struktogramm <2.1> in Anhang B stellt den Algorithmus
exakt dar, der durch Bild 2-30 ergänzend erläutert wird: Die
numerische Differentiation wird durch die Errechnung der Steigung der Ausgleichsgeraden über eine ausreichende Anzahl Punkte
des KWV durchgeführt. Die Korrelation einer der vorgegebenen
Länge entsprechenden Anzahl von Ableitungspunkten wird mit der
Mindestkorrelation verglichen, und gibt beim Erreichen das
Startsignal zur Gültigkeit. Als gültig wird derjenige Punkt
des KWV angesehen, der die gleiche Weg-Koordinate hat wie der
unterste Punkt des ausreichend korrelierten Geradenstücks der

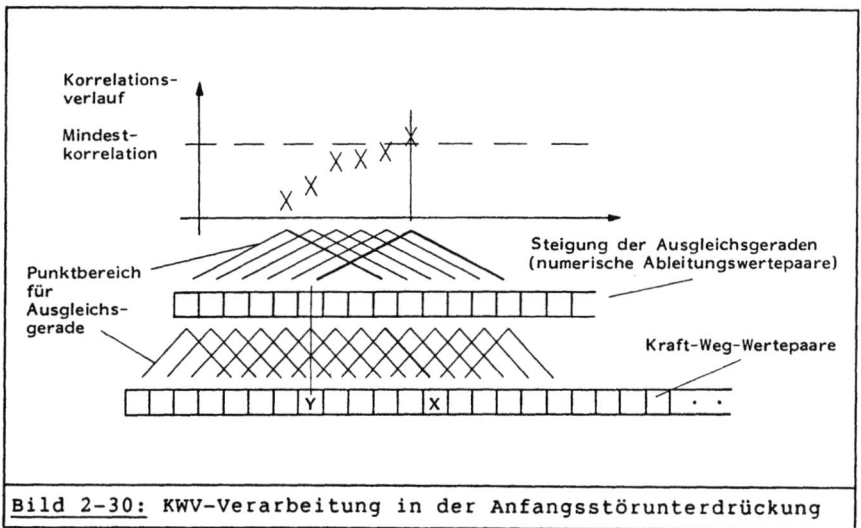

Bild 2-30: KWV-Verarbeitung in der Anfangsstörunterdrückung

Ableitung. Auf der in Richtung des Weges etwas gerafften Darstellung des **Bildes 2-30** läßt sich auch erkennen, daß, obwohl
die erste Korrelationsüberprüfung erst erfolgen konnte, als das
Meßwertpaar x aufgenommen wurde, doch das Meßwertpaar y noch
die Gültigkeit zuerkannt bekam. Die Verzögerungswirkung der
numerischen Differentiation verschiebt die Entscheidung zwar
zeitlich, aber nicht örtlich.

(**Bild 2-33** auf Seite 71 zeigt an vier repräsentativen KWVen
auch den Verlauf der Ableitung, deren Korrelation und den
ersten gültigen KWV-Punkt.)

2.2.5.2 Fließeinsatzerkennung

Der allmähliche Fließeinsatz erfordert eine schnell ansprechen-
de Fließeinsatzerkennung. Dies gilt besonders dann, wenn kleine
Formänderungen in der Größenordnung der Genauigkeit des Biegeverfahrens durchgeführt werden sollen. Wenn der Fließeinsatz
erst relativ spät nach seinem Eintreffen erkannt wird, ist das
Werkstück bereits überbogen, bevor das erste Mal die Formänderung berechnet wird. Da der Fließeinsatz bei linearer Elastizi-

tät durch eine negative Krümmung des KWV gekennzeichnet ist,
kann er im Prinzip durch den ersten Nulldurchgang der zweiten
Ableitung des KWV erkannt werden. In der Praxis ist die zweite
Ableitung jedoch unbrauchbar, weil sie den nicht vollkommen
glatten KWV sehr stark aufrauht, Nulldurchgänge des Verlaufs
mehrmals auftreten und damit nicht signifikant sind. Will man
zur Vermeidung zu starker Aufrauhung das Ausgangssignal und
dessen erste Ableitung glätten, so kommt dies einer Zeitverzö-
gerung gleich, die zu einem verspäteten Erkennungszeitpunkt
führt. Dennoch kommt man zum Zwecke des Beurteilens von Veränderungen in Kurvenverläufen um die Differentiation nicht herum.

Eine zweite Möglichkeit, den Verlauf der ersten Ableitung zu
kontrollieren, besteht darin, die Abweichungen der echten
Punkte vom erwarteten Verlauf aufzusummieren bzw. zu einem Fehlerintegral aufzurechnen. Bei Schwankungen um den erwarteten
Verlauf herum bleibt dieses Fehlerintegral klein. Bekommen die
Abweichungen jedoch eine eindeutige Tendenz, so wächst das Fehlerintegral sehr schnell an, so daß die Ansprechschwelle nicht
übermäßig empfindlich ausgelegt werden muß. Der erwartete Verlauf ist die Ableitung der Ausgleichskurve des KWV. Damit diese
nicht von bereits abweichenden Punkten gestört wird, muß der
Punktzugang zur Ausgleichsrechnung des KWV um die Strecke verzögert werden, die zur Fließeinsatzerkennung benötigt wird.
Diese Strecke muß so gewählt werden, daß sie zu einer zweifels-
freien Fließeinsatzerkennung innerhalb des Weges führt, in dem
eine bleibende Formänderung nicht größer als die geforderte
Maßtoleranz des Werkstücks erfolgt. Bei allmählichem Fließeinsatz, der naturgemäß schwer zu erkennen ist, erfolgen zunächst
auch nur minimale bleibende Formänderungen, somit bleibt etwas
mehr Zeit zu seiner Erkennung. Ein deutlicherer Fließeinsatz,
wie er z.B. bei der zweiten Umformung in derselben Richtung
auftritt, hat sofort größere Formänderungen zur Folge, ist aber
auch leichter zu erkennen. Die notwendige Schärfe der Fließeinsatzerkennung ist in beiden Fällen etwa gleich.

Es wurde bereits in Bild 2-21 (S. 56) gezeigt, daß gegen Ende
des elastischen Bereiches die von der Ausgleichsrechnung ermittelten Funktionsparameter mit jedem neuen Kurvenpunkt etwas
anders werden. Wird zur Fließeinsatzerkennung die Abweichung

von der Ableitung aus den jeweils neuen Parametern errechnet,
so stimmt das Fehlerintegral nicht. Der Fehler im Fehlerintegral kann korrigiert werden, in dem es um die Differenz der bestimmten Integrale der verschiedenen Ableitungskurven zwischen
dem Startpunkt der Fehlerintegralbildung und dem aktuellen
Punkt korrigiert wird, entsprechend der schraffierten Fläche in
Bild 2-31. Damit die Streuung der Ausgleichsparameter nicht zu
groß wird, insbesondere bei nichtlinearer Ausgleichsrechnung,
muß der Erfassungsbereich der Ausgleichskurve eine Mindestlänge
aufweisen, bevor die Fließeinsatzerkennung begonnen werden
kann. Da das ganze Verfahren nur funktioniert, wenn ein Stück
des KWV wirklich rein elastisch ist, und dieser Mindestbereich,
wie bereits diskutiert, durch einen "Vorhub" gesichert wird,
ist es legitim, die Fließeinsatzerkennung erst gegen Ende des
Mindestbereiches beginnen zu lassen. Alle Parameter, außer der
Ansprechschwelle, lassen sich als Prozentsätze von der Mindeststrecke ausdrücken, die unabhängig vom aktuellen Biegefall
festgelegt werden können. Das Fehlerintegral der Ableitung des
KWV hat wieder die Dimension einer Kraft. Die Ansprechschwelle
läßt sich daher, unabhängig vom aktuellen Biegefall, aber angepaßt an die Qualität der gesamten Meßanordnung, als Prozentsatz
von der zum Startpunkt der Fließeinsatzerkennung vorliegenden
Kraft ausdrücken.

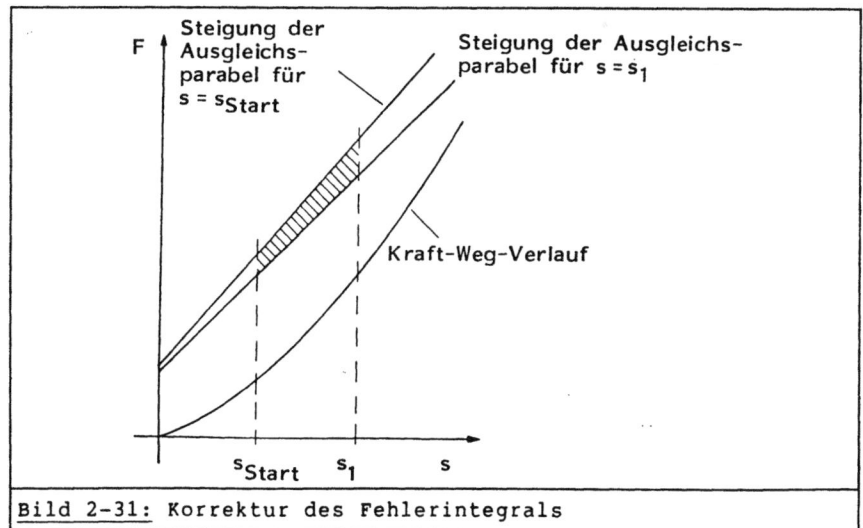

Bild 2-31: Korrektur des Fehlerintegrals

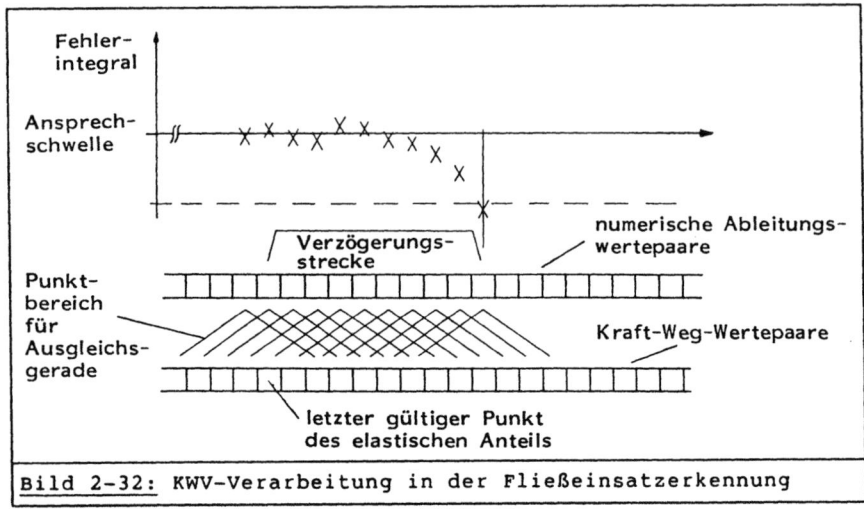

Bild 2-32: KWV-Verarbeitung in der Fließeinsatzerkennung

Struktogramm <2.2> in Anhang B beschreibt den Algorithmus zur Fließeinsatzerkennung vollständig, dazu verdeutlicht Bild 2-32 (ähnlich Bild 2-30) den Verarbeitungsstand der ankommenden KWV-Punkte. In Bild 2-33 sind vier repräsentative KWVe mit den zur Anfangsstörunterdrückung und Fließeinsatzerkennung wichtigen Zusatzverläufen der Ableitung und des Fehlerintegrals zusammengefaßt, die mit einer Parabel als Ausgleichsansatz für den KWV, Anfangsstörunterdrückung (ASU) nach Struktogramm <2.1> und der eben beschriebenen Fließeinsatzerkennung (FEE) verarbeitet wurden. Als Parameter wurden folgende Werte gewählt:

Ableitungslänge (für ASU und FEE) : 12 %,
Korrelationslänge (für ASU   ) : 55 %,
Verzögerungsstrecke (für FEE   ) : 20 %,
(Prozentzahlen zählen jeweils von der Mindeststrecke).
Mindeskorrelation (ASU)   : 0.97;
Ansprechschwelle   (FEE)   : 1 % der Kraft beim
                                     Startpunkt der FEE.

So wie die KWVe in Bild 2-33 wurden insgesamt 44 KWVe nachgerechnet, es ergab sich in fast allen Fällen ein mit der visuellen Beurteilung übereinstimmender Fließeinsatzpunkt, mit der Tendenz, daß der berechnete Fließeinsatzpunkt etwas vor dem visuell bestimmten lag.

- 73 -

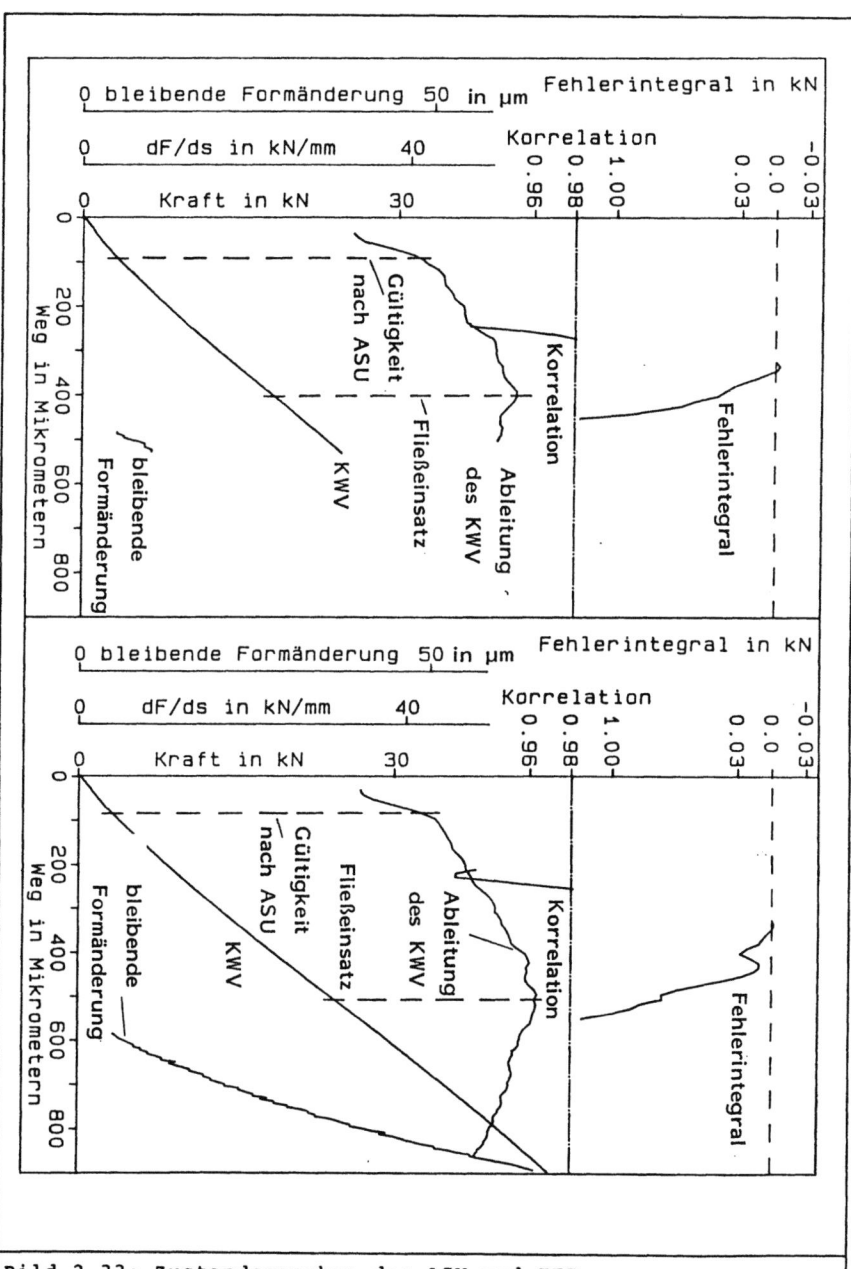

Bild 2-33: Zustandsgraphen der ASU und FEE

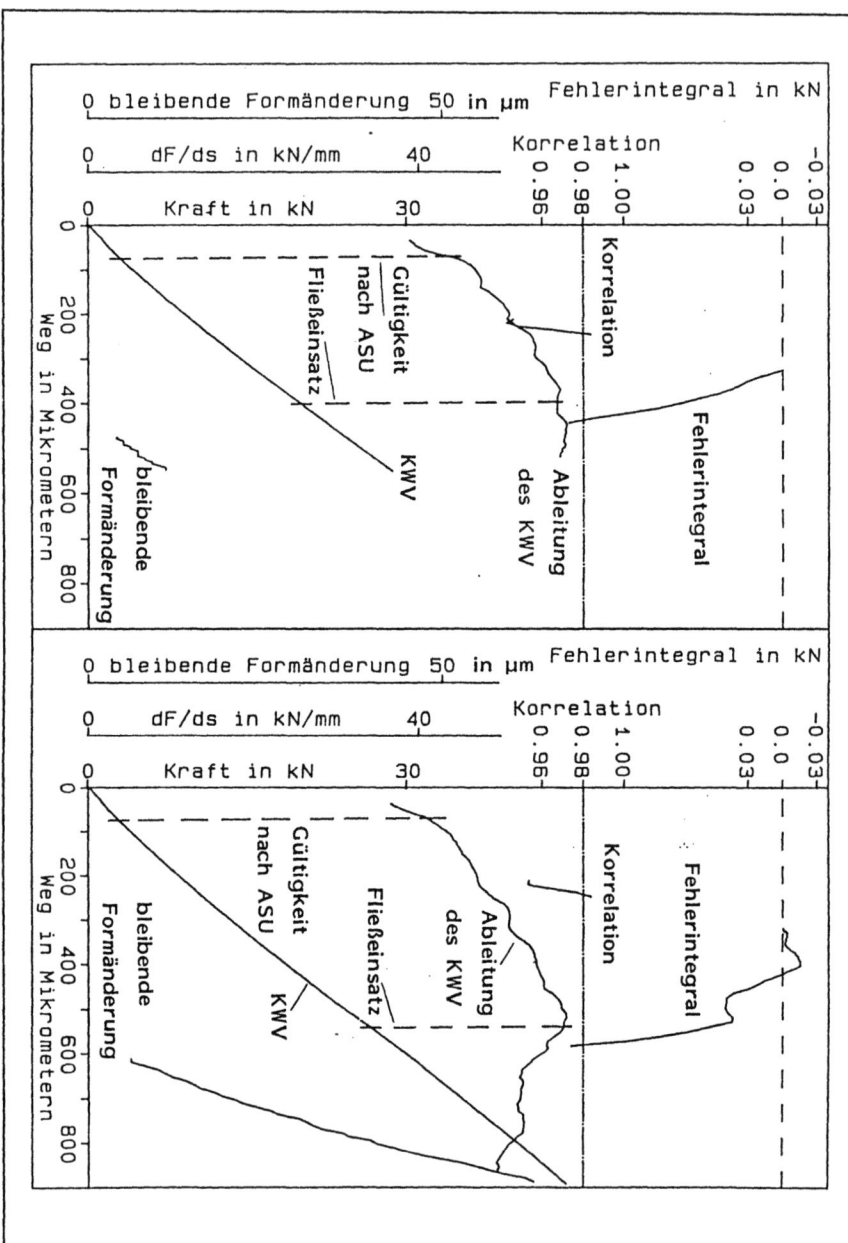

Bild 2-33: Zustandsgraphen der ASU und FEE (Fortsetzung)

2.2.6   Erzielte Ergebnisse

Die Regelung des Biegevorganges durch den KWV ist sowohl an
Fahrradgabeln als auch an gehärteten Wellen praktisch erprobt
worden. Die Versuche mit den Fahrradgabeln waren der Ausgangs-
punkt für die hier dargestellten Weiterentwicklungen. Wegen der
geringen Anforderungen durch die Toleranz und den ungehärteten
Werkstoff sind seinerzeit mit einfachen Versionen der Algorithmen gute Ergebnisse erzielt worden, obwohl die Kraftmessung des
Richtversuchsstandes auch Reibungs- und Beschleunigungskräfte
mit erfaßte. Bild 2-34 zeigt die Ergebnisse von je 20 Biegeversuchen der A und der Z-Achse: Oben im Bild sind gewünschte und
erreichte Formänderungen gegeneinander aufgetragen und unten
die sich ergebenden Differenzen als Häufigkeits-Balkendiagramm.
Bis auf einen Fall in der Z-Achse lagen die erreichten Formänderungen innerhalb der Toleranz.

Beim Wellenrichten ist aufgrund der höheren Anforderungen von
vornherein eine komplexere Problematik erwartet worden. Daher
wurden die während der Biegevorgänge gemessenen KWVe gespeichert, um sie für eine nachträgliche Analyse zur Verfügung zu
haben. In mehreren Zyklen von Richtversuchen an der Maschine
und anschließenden Untersuchungen sind die Vorgehensweisen und
Algorithmen so weit entwickelt worden, wie dies bisher in dieser Arbeit dargestellt wurde. Daher sind die letzten Richtversuche an der Maschine mit dem vorletzten Stand der Algorithmen
bei einer Stößelgeschwindigkeit von 0.1 mm/s durchgeführt worden.

Der Stand der Algorithmen war folgender:

a) Anfangsstörunterdrückung: Wirksamkeit ähnlich der oben
   beschriebenen, aber mit mehreren empirischen Parametern
   versehen.

b) Fließeinsatzerkennung: Basierte auf der Überschreitung
   einer Eintrittshäufigkeit der Überschreitung der Abweichung der Ableitung des KWV vom erwarteten Wert. Die
   Einflüsse der Aufrauhung der Ableitung wurden damit nicht
   richtig unterdrückt. Außerdem war der Punkteingang in die
   Ausgleichsrechnung des KWV nicht verzögert worden. Im

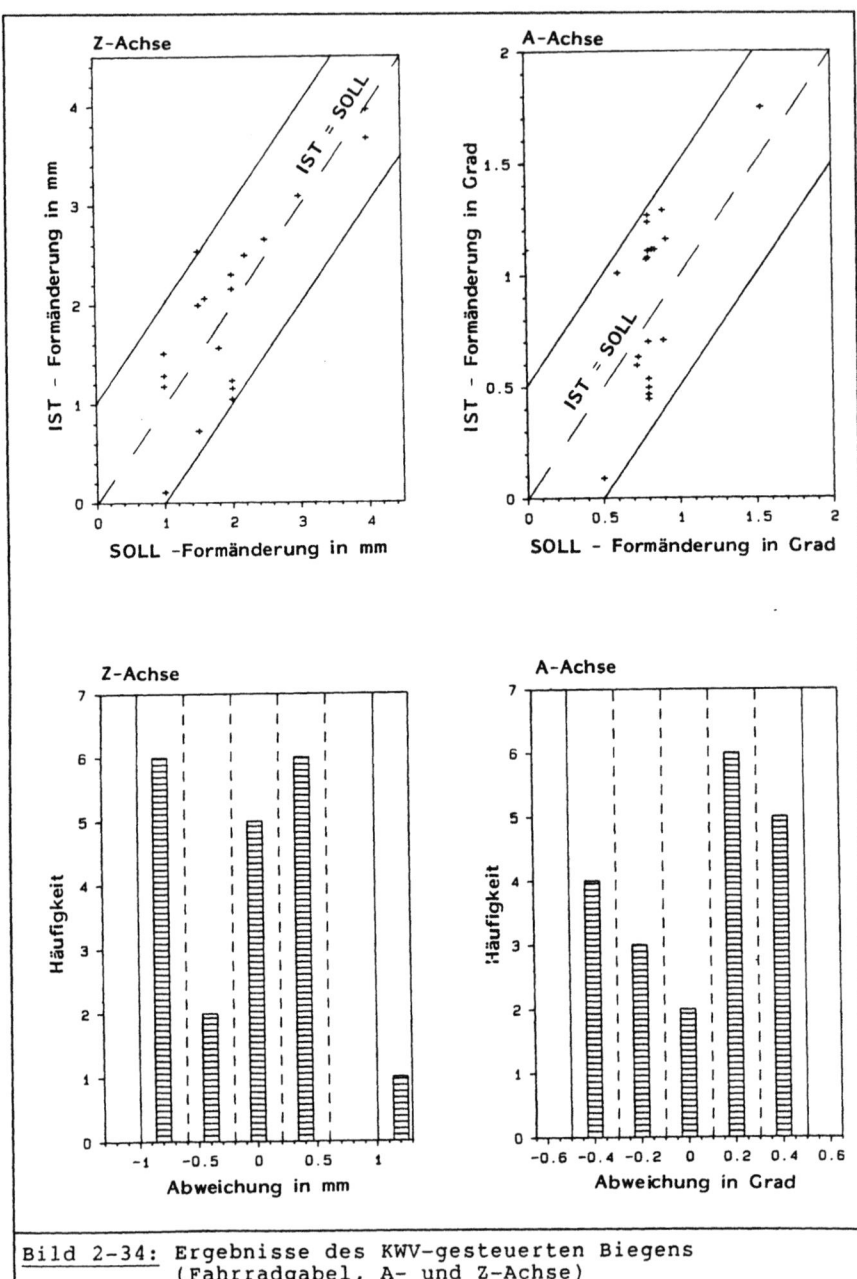

Bild 2-34: Ergebnisse des KWV-gesteuerten Biegens
(Fahrradgabel, A- und Z-Achse)

Effekt war diese Fließeinsatzerkennung unzuverlässig, die ermittelten Ausgleichsparameter des KWV schon systematisch verfälscht.

c) Der KWV wurde nach einem Potenzansatz

$$F = a \cdot s^b + c$$

ausgeglichen.

In Bild 2-35 ist die erreichte Formänderung über der gewünschten aufgetragen. Es ergibt sich, bis auf einen Ausreißer, ein recht systematisches Überbiegen. Bild 2-36 stellt die Häufigkeitsverteilung der Abweichung zwischen gewünschter und erzielter Formänderung dar. Die Striche sind die Häufigkeiten der Abweichungen in der Auflösung des Wegmeßsystems, die übergeordneten Balken die Häufigkeiten in den durch senkrechte Strichellinien abgegrenzten Bereichen. Für den Bereich $\pm$ 3 μm ergibt sich eine Trefferquote von 39 %, für den bis 10 μm von 66 % und zu einem Drittel wurde weit überbogen. Dieses Ergebnis ist für den Produktionseinsatz nicht ausreichend.

Bei den Nachrechnungen, die mit den in Abschnitt 2.5.2 vorgestellten Algorithmen durchgeführt worden, stellte sich lediglich noch die Frage nach dem geeigneten Ausgleichsfunktionsansatz, der nach Darstellung der Ergebnisse noch diskutiert wird. Ausgeglichen wurde nach dem einfachsten nichtlinearen Ansatz:

$$F = a \cdot s^2 + b \cdot s + c \qquad \text{(Parabel)}$$

Die Ergebnisse sind in den Bildern 2-37 und 2-38 zusammengestellt, deren Darstellung und Ausgangsdaten denen der Bilder 2-35 bzw. 2-36 entsprechen. Für den Parabelansatz ergibt sich ein systematisches Unterbiegen bei größeren Formänderungen. Das Wunschziel, alle Richtvorgänge beim ersten Biegen in den Bereich $\pm$ 3 μm zu bekommen, kann aber nicht erreicht werden.

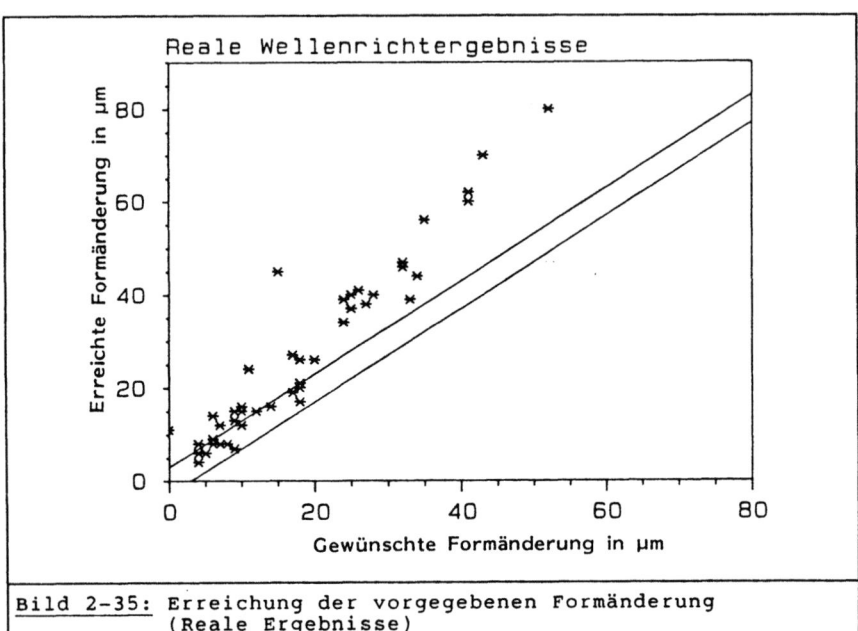

Bild 2-35: Erreichung der vorgegebenen Formänderung
(Reale Ergebnisse)

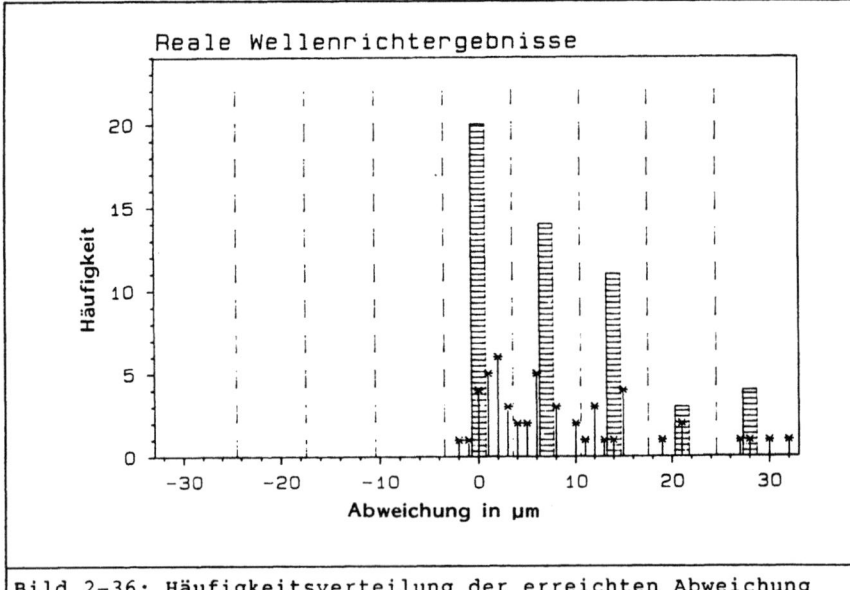

Bild 2-36: Häufigkeitsverteilung der erreichten Abweichung
(Reale Ergebnisse)

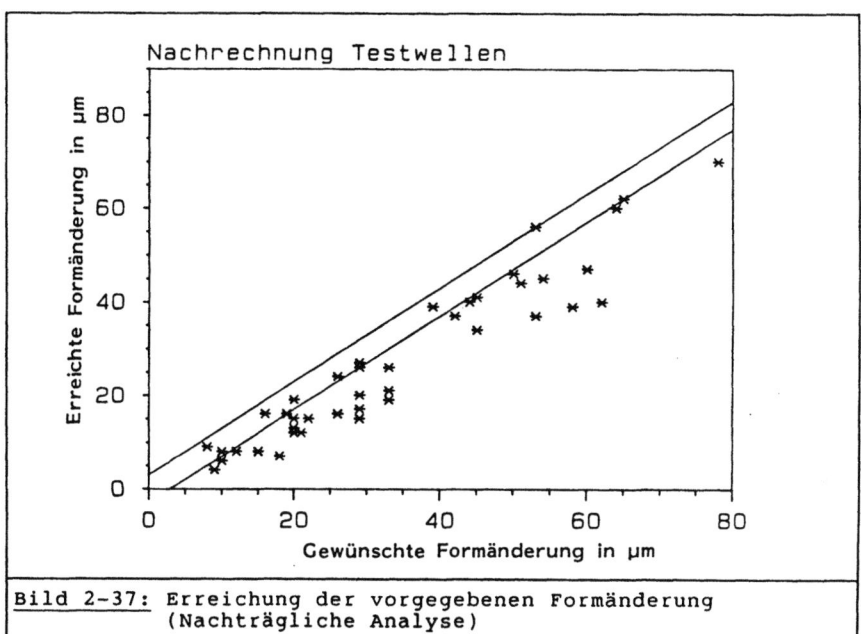

Bild 2-37: Erreichung der vorgegebenen Formänderung
(Nachträgliche Analyse)

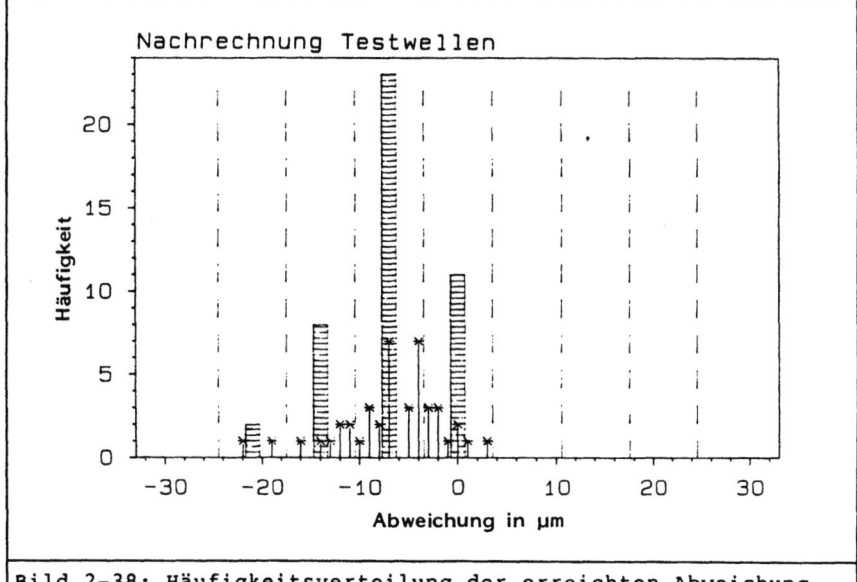

Bild 2-38: Häufigkeitsverteilung der erreichten Abweichung
(Nachträgliche Analyse)

2.2.6.1 Wahl des KWV-Ausgleichsansatzes für das Wellenrichten

Der Ansatz für die Ausgleichsrechnung des KWV muß verschiedenen Ansprüchen genügen. Zum einen muß er den Verlauf der Elastizität in Grundfunktion und 1. Ableitung so gut beschreiben, daß die Extrapolation der Ausgleichsfunktion in dem praktisch relevanten Bereich als gültig betrachtet werden kann. Nur dann stimmen die während des Richtvorganges berechneten bleibenden Formänderungen mit den tatsächlich sich einstellenden hinreichend genau überein. Andererseits muß er numerisch praktikabel sein und mit verhältnismäßig geringem Rechenaufwand stabile Ergebnisse liefern, denn die gesamten beschriebenen Berechnungen müssen ja während des Biegevorganges mit den aktuell gemessenen Kraft-Weg-Wertepaaren durchgeführt werden. Es bleibt keine Zeit, die Ausgleichsrechnung iterativ durchzuführen, wie dies nach [19] bei nichtlinearen Ausgleichsansätzen prinzipiell erforderlich ist, wenn wirtschaftlich vertretbare Stößelgeschwindigkeiten erzielt werden sollen.

Der Parabelansatz erfüllt die numerischen Anforderungen. Die Ausgleichsrechnung ist auf die Lösung eines linearen Gleichungssystems rückführbar und somit explizit lösbar. Der Ausgleich nach dem Potenzansatz erfordert in der Umgebung des Lösungsparametervektors eine Startparametervektor, um den mit Hilfe eines nach den linearen Gliedern abgebrochenen Taylorreihenansatzes näherungsweise linearisiert wird. Die Lösung des damit aufgestellten Gleichungssystems liefert jeweils nur eine Startwert-Verbesserung, so daß mehrere iterative Schritte notwendig sind, um die gesuchten Parameter des Potenzansatzes zu bestimmen [19].

Der bei den Biegeversuchen verwendete Potenzansatz ist versuchsweise auch um ein lineares Glied zu

$$F = a \cdot s^b + c \cdot s + d$$

erweitert worden, denn der einfache Potenzansatz ohne das lineare Glied zwingt die erste Ableitung $F' = a \cdot b \cdot s^{b-1}$ durch den Nullpunkt, was den Ableitungen der realen KWVe nicht entspricht. Dadurch wird die Ableitung zu stark nach unten ge-

krümmt, was einer nicht ausreichenden Krümmung des KWV nach
oben entspricht, die das beobachtete systematische Überbiegen
verursacht. Der vierparametrige Ansatz erwies sich in Nachrechnungen zwar als geeignet, den elastischen Anteil so zu beschreiben, daß die Häufigkeitsverteilung wie in Bild 2-36 ihren
Schwerpunkt bei Null hat, jedoch war er numerisch so instabil,
daß er für die Auswertung unter Echtzeit-Bedingungen nicht eingesetzt werden kann.

Die Beurteilung der Lage der zu erwartenden Häufigkeitsverteilung muß auch nach praktischen Gesichtspunkten erfolgen.
Ein Schwerpunkt bei der Abweichung 0 ergibt zwar die höchste
Trefferwahrscheinlichkeit, aber seine Anwendung schließt das
Überbiegen nicht aus, wenn die Streubreite nicht klein gegenüber der Toleranz ist. Die Anwendung des Parabelansatzes ergibt
eine Vermeidung des Überbiegens, bei einer erhöhten Unterbiegewahrscheinlichkeit. Das Prinzip des Verfahrens, bestätigt durch
die Ergebnisse, bringt jedoch eine steigende Trefferwahrscheinlichkeit bei kleineren Formänderungen, insbesondere dann, wenn
ein relativ langer, deutlich beendeter elastischer Bereich vorliegt. Beides ist der Fall, wenn noch einmal nachgebogen werden
muß, so daß die Trefferwahrscheinlichkeit für den zweiten Biegevorgang praktisch mit 100 % erwartet werden darf.

2.3   Verfahrensvergleich und Bewertung

Beide vorgestellte Verfahren zur gezielten Durchführung bleibender Formänderungen erreichen nicht das auch in Patentanmeldungen immer wieder erwähnte Wunschziel, eine gewünschte Formänderung mit absoluter Sicherheit in nahezu beliebiger Genauigkeit unabhängig vom Zustand des zu richtenden Werkstücks in
einem Versuch durchzuführen. Eine gewisse Unsicherheit, die
größer als die an Wellenrichtautomaten gestellte Genauigkeits-
forderung ist, verbleibt bei beiden Verfahren, und sie hat dort
in etwa auch die gleiche Größenordnung. Bei Anwendungsfällen
mit geringeren Anforderungen (siehe Fahrradgabeln) können beide
Verfahren konkurrierend mit gutem Erfolg eingesetzt werden. Der
Vorteil des KWV-gesteuerten Richtverfahrens ist, daß seine
Treffsicherheit bei jedem Werkstück gleich hoch ist, da es

nicht auf einer zurückliegenden statistischen Erfahrung aufbaut, die insbesondere bei plötzlichen Trendänderungen versagt.
Auch für die Vermeidung des Überbiegens eignet sich dieses Verfahren besser, da die in Abschnitt 2.1.2.3 beschriebene Absenkung der Überbiegewahrscheinlichkeit u. U. zu einer übertriebe-
nen "Vorsicht" der Richtmaschine führt. Der Nachteil des KWV-
gesteuerten Richtverfahrens ist sein hoher Aufwand, sowohl in
der Qualität und Ausstattung der Richtmaschine, als auch im zu
verwendenden Prozeßrechner und der notwendigen Software.

Wichtig ist anzumerken, daß alle bereits im Einsatz befindli-
chen Richtmaschinen ohne mechanische Änderung auf das wegge-
steuerte Verfahren in der beschriebenen Form umgestellt werden
können. Dafür ist lediglich die Erweiterung der bestehenden
Steuerungsprogramme auf die vorgestellten Algorithmen erforderlich.

2.3.1 Idealkombination der Verfahren

Will man auf die technologischen Vorteile des KWV-gesteuerten
Biegens, von denen am Anfang von Kapitel 3 noch weitere ange-
deutet werden, nicht verzichten, so bietet sich eine Kombination beider Verfahren an. Das KWV-gesteuerte Verfahren bedarf
ja, insbesondere beim Wellenrichten, eines "Vorhubs" zur Si-
cherstellung eines Mindestbereiches reiner Elastizität. Wird
die Größe des Vorhubs nicht fest vorgegeben, sondern nach dem
unter Abschnitt 2.1.2 beschriebenen Verfahren bestimmt, wobei
eine abgesenkte Überbiegewahrscheinlichkeit verwendet wird, so
kann, je nach Streuung der Werkstücke, schon eine gute Trefferwahrscheinlichkeit für die erste Richtbewegung erzielt werden.
Wird die zweite Richtbewegung dann nach dem KWV-gesteuerten
Verfahren ausgeführt, so findet dieses optimale Bedingungen
vor: Großer Elastizitätsbereich, deutlicher Fließeinsatz und
geringe Formänderung. Beste Voraussetzungen dafür, um beim
zweiten Hub eine Trefferwahrscheinlichkeit dicht an 100 % zu
erhalten, auch bei Toleranzanforderungen nahe an der Meßgenau-
igkeit.

Die für das KWV-gesteuerte Biegeverfahren notwendige Kraftmessung eröffnet die Möglichkeit, beim Richten durch Beurteilung des KWV über die Geometrie hinausgehende Qualitätsmerkmale des Werkstücks zu erfassen. Der generelle KWV gibt Auskunft über Steifigkeit und Festigkeit des Werkstücks in der Richtung der Beanspruchung. Beim Richten durch Fügen entstandener Werkstücke werden Steifigkeit und Festigkeit durch im Kraftfluß liegende Fügestellen beeinflußt. Mangelhafte Ausführung solcher Fügestellen vermindert Steifigkeit und Festigkeit. Eine verminderte Festigkeit bei korrekter Steifigkeit gibt eine direkte Aussage über die Festigkeit des Werkstoffs. Bei in der Festigkeit stark streuenden Werkstoffen kann diese Kontrolle für die Qualität des Werkstücks von entscheidender Bedeutung sein. Im Falle durch Lagerung aushärtender Aluminiumlegierungen ergibt sich dadurch etwa eine Kontrolle des Auslagerungszustandes.

Diese Beispiele sollen nur als Anregung verstanden werden, die große Abhängigkeit von konkreten Richtaufgaben läßt eine allgemeingültige Betrachtung unangebracht erscheinen. Ein wesentliches Element für den wirtschaftlichen Einsatz von Richtautomaten, besonders bei oberflächengehärteten Wellen, ist die Fähigkeit, das Entstehen von Rissen während des Richtens zu erkennen und gerissene Werkstücke auszusondern. Angerissene Wellen, die in das Produkt montiert werden, brechen mit hoher Wahrscheinlichkeit noch innerhalb der Gewährleistungsfrist ganz durch, wenn die Welle im angerissenen Querschnitt einer nennenswerten Umlaufbiegebelastung ausgesetzt ist, und verursachen damit Folgekosten. Eine Rißprüfung nach dem Richten ist sowohl teuer als auch wenig zuverlässig, zumindest im Falle der Verwendung des weitverbreiteten Fluoreszenzverfahrens ("FLUXEN") [30]. Dies hat seine Ursache darin, daß sich die Oberflächenrisse, die bei elastischer Verformung entstehen, nach Entlastung der Welle wieder gut schließen, da die Oberfläche idealerweise unter axialen Druckeigenspannungen steht. Wie in Bild 3-1 qualitativ dargestellt, bewirkt der Abbau von Eigenspannungen am freien Ende eine elastische Verformung der Rißfläche, die, nach Entlastung der Welle, für ein Wiederanlegen der Rißaußenkante sorgt. Dies gilt allerdings nur, wenn die Stößelbewegung kurz

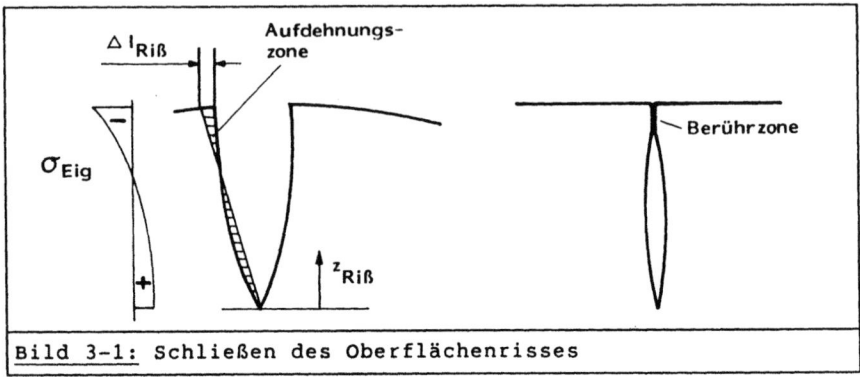

Bild 3-1: Schließen des Oberflächenrisses

nach der Rißentstehung umgekehrt wird, so daß nicht der weiter
innen liegende weiche Kern der Welle noch größere plastische
Formänderungen erfährt, durch die der Riß weiter aufklaffen
würde. Eine überschlägige Berechnung der Toleranzstrecke für
die Bewegungsumkehr kann unter folgenden Vereinfachungen durchgeführt werden: die Länge Δl, auf der die axiale Eigenspannung
σ_{Eig} elastisch abgebaut wird, entspreche der radialen Entferung
$z_{Riß}$ vom Rißgrund. Dann hat die Rißfläche im Radialschnitt folgende Abweichung $\Delta l_{Riß}$ von der eigentlich angenommenen Geraden:

$$\Delta l_{Riß} = z_{Riß} \cdot \frac{\sigma_{Eig} (z)}{E} \qquad (3-1)$$

Bei einer mittig belasteten Welle kann dies nach dem Strahlen-
satz grob zum Stößelweg umgerechnet werden

$$\Delta s_{St} = 1 \cdot \frac{\Delta l_{Riß} \, (\text{Rißtiefe})}{r_{Welle}} \qquad (3-2)$$

Für die Modellwelle ergibt das bei einer Druckeigenspannung von
400 N/mm² und einer Rißtiefe von 1 mm einen Stößelweg von 0.03
mm. Bei Richtautomaten, deren Stößelweg im Bereich von 0.01 mm
zugestellt wird, ist die Wahrscheinlichkeit, daß ein Riß hinreichend kurz vor dem Ende der Stößelbewegung eintritt, nicht
klein. Die nachträgliche Erkennung eines derartigen Risses ist
aufwendig. Kann jedoch das Entstehen eines Risses in der Wellenrichtmaschine zuverlässig detektiert werden, bedeutet das
eine Kostensenkung und eine Steigerung der Produktionsqualität.

3.1   Stand der Technik

Die Bedeutung der Rißentstehungserkennung ist schon vor einigen
Jahren von Herstellern und Anwendern von Wellenrichtautomaten
erkannt worden. Es sind bereits zwei Geräte zur Rißentstehungserkennung entwickelt worden:

a) Das am Markt nahezu konkurrenzlos eingeführte Gerät der
   Fa. WOLTER [31] basiert auf einer Beschleunigungsmessung
   am Druckstück unmittelbar über der Krafteinleitungsstelle.
   Die prinzipielle Funktion zeigt die Blockschaltung in
   Bild 3-2: Die gemessene Beschleunigung wird betragsmäßig
   mit einer empirisch zu ermittelnden Ansprechschwelle verglichen, bei deren Überschreitung ein Riß als erkannt
   gilt. Um Fehlmeldungen vom Aufsetzen des Druckstücks auf
   die Welle zu vermeiden, wird ein von der Maschinensteuerung zur Verfügung gestelltes Torsignal verarbeitet, während dessen Dauer Risse erkannt werden dürfen.

b) Von K. PÄRTZEL wurde 1979 ein Rißentstehungserkennungsver-
   fahren zum Patent angemeldet [32], das auf einer Schallemissionsanalyse [33] aufbaut. Es wurde vom Richtmaschi-
   nenhersteller JENNY PRESSEN AG in Zusammenarbeit mit dem
   Anwender ZAHNRADFABRIK FRIEDRICHSHAFEN zur Anwendungsreife
   weiterentwickelt [5; 1; 34]. Ähnlich dem von K. HEPP und
   E. WASCHKIES [35] entwickelten Verfahren, das für die Riß-
   entstehungsprüfung beim Schweißen von Reaktordruckbehäl-
   tern verwendet wird, nimmt es die durch das Reißen entstehenden Körperschallwellen auf, allerdings in einem niedrigeren Frequenzbereich: 200 bis 800 kHz [34] statt bis zu
   5 MHz. Der in diesem Frequenzbereich entstehende Schallpe-
   gel wird eine gewisse Zeit zu einem Energiewert aufinte-
   griert. Bei Überschreitung eines einstellbaren Mindest-
   Schallenergiewertes gilt ein Riß als erkannt. Durch die
   Bildung eines Schallenergiewertes kann zwischen anderen
   Schallemissionsquellen (Brechen von Staubkörnern oder Zun-
   der zwischen Druckstück und Welle, Rutschen der Welle im
   Auflager) und entstehenden Rissen unterschieden werden.

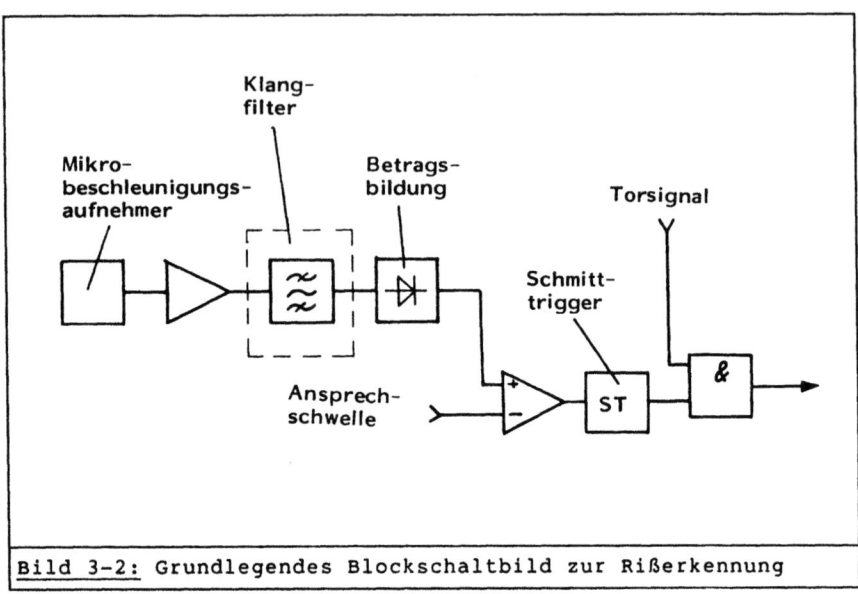

Bild 3-2: Grundlegendes Blockschaltbild zur Rißerkennung

Bei einigen Anwendern von Richtautomaten sind diese Verfahren noch nicht generell akzeptiert, weil in Versuchsreihen vom Riß-erkennungsgerät als gerissen markierte Wellen bei der Überprüfung mit dem Fluoreszensverfahren als einwandfrei eingestuft wurden [36]. Es wurde bereits dargelegt, warum das Farbein-dringverfahren als Referenz nicht geeignet ist. Eigene Versu-che, die in Abschnitt 3.2.5 näher beschrieben werden, haben dies ebenfalls bestätigt.

3.2   Rißerkennung am KWV

Die Anwendung des KWV-gesteuerten Biegeverfahrens ermöglicht es, den KWV auf Unregelmäßigkeiten hin zu überwachen. Die Entstehung eines Risses im Werkstück, der ja nur an einer hoch-belasteten und somit auch stark tragenden Stelle auftritt, muß prinzipiell eine Veränderung am KWV zur Folge haben. Wie groß diese Veränderung ist und unter welchen Bedingungen sie detek-tiert werden kann, soll anschließend geklärt werden. Dabei wer-den die Detektionsmöglichkeiten durch Beschleunigungsmessung gegenübergestellt.

3.2.1 Grundsätzliches zur Rißentstehung

Durch den Oberflächenriß geht dem Querschnitt der Biegestelle
ein Teil der tragenden Fläche verloren, wodurch das Flächenträgheitsmoment und damit die Steifigkeit der Welle verringert
wird. Betrachtet man in Bild 3-3 die Auswirkung auf den KWV, so
ergibt sich prinzipiell ein Übergang vom KWV größerer Steifigkeit ohne Riß auf einen KWV geringerer Steifigkeit mit Riß. Wie
dieser Übergang erfolgt, hängt sowohl von der Zeit, die der Riß
zum Entstehen braucht, als auch von verschiedenen Eigenschaften
der Richtmaschine und des Werkstücks selbst ab.

Den Einfluß der Richtmaschine verdeutlicht folgende Grenzbe-
trachtung: Bewegt sich der Stößel mit konstanter, von der Kraft
unabhängiger Geschwindigkeit, so erfolgt der Übergang zum neuen
KWV innerhalb der Rißentstehungszeit. Bei einer unendlich steifen Maschine wäre dann auch keine Beschleunigung meßbar. Ist
die Rißentstehungszeit mindestens so lang, wie der Stößel zur
Überwindung der Strecke a-c (Bild 3-3) benötigt, so erfolgt der
Übergang ohne ein Absinken der Kraft. Erfolgt die Durchbiegung
der Welle mit linear ansteigender Kraft, unabhängig vom dafür
benötigten Weg, so geht der Kraftverlauf bei unendlich kurzer
Rißentstehungszeit am Punkt c weiter, wobei eine sehr große
Beschleunigung meßbar wird.

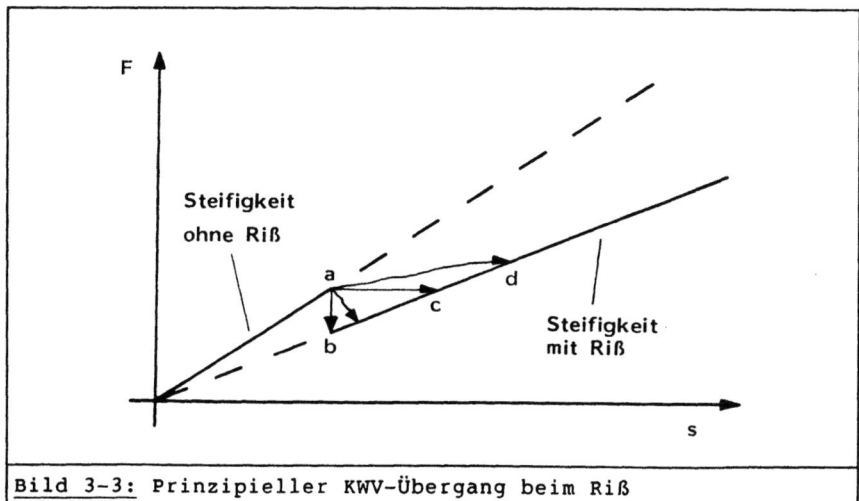

Bild 3-3: Prinzipieller KWV-Übergang beim Riß

In der Praxis ist weder das Maschinengestell – und schon gar nicht das Druckstück – unendlich steif, noch ist die Stößelbewegung völlig gleichförmig, außerdem ist die Rißentstehungszeit größer als Null. So kann sich ein nahezu beliebiger Übergang ergeben.

Die Entwicklung der zum Stand der Technik gezählten Verfahren wurde initiiert von der Erfahrung, daß die Entstehung eines Risses in der Regel hörbar ist ("Krck"). Da der hörbare Schall die Folge mechanischer Schwingungen ist, lag es nahe, diese zu messen und auszuwerten. Richtet man seine Aufmerksamkeit auf die Steifigkeiten und Eigenfrequenzen der Strukturelemente, die um den Rißentstehungsort herum angeordnet sind, so erkennt man die Auflager und insbesondere das Druckstück als diejenigen Teile, die, dank aus niedriger Masse und hoher Steifigkeit resultierender Eigenfrequenz, auch bei Schwingungen mit minimalen Amplituden in der Nähe der Berührung der Welle beachtliche Beschleunigungen erfahren. Dies liegt daran, daß die Beschleunigung einer harmonischen Schwingung $s = A_0 \cdot \sin \omega_0 \cdot t$ durch die zweifache Differentiation zu $s" = -A_0 \cdot \omega_0^2 \cdot \sin \omega_0 \cdot t$ wird und somit das Quadrat der Kreisfrequenz ω_0 enthält. Am Beispiel der Modellwelle und einem Druckstück mit $20 \cdot 60 \cdot 160$ mm $(B \cdot D \cdot L)$ ergibt sich für das Druckstück die 38-fache Beschleunigung bei gleicher Schwingungsamplitude, wenn die schwingenden Kontinua Druckstück und Welle, wie in [24, S. 150 f] beschrieben, als Ein-Massen-Schwinger betrachtet werden.

3.2.2   Erkennungsverfahren

Die Unregelmäßigkeit im KWV läßt sich als doppelter Knick oder, bei niedrigeren Stößelgeschwindigkeiten, auch als Kraftabfall beschreiben, den es zu erkennen gilt. Die Erkennung kann im Steuerrechner neben der Biegeregelung anhand der digitalisiert vorliegenden KWV-Daten durchgeführt werden. Die Erkennung eines Kraftabfalls ist am einfachsten. Es wird jeweils die Kraftdifferenz zwischen dem letzten und dem vorletzten Meßwert erwartet und mit der Differenz aus dem aktuellen und dem letzten Meßwert verglichen. Deutet diese Differenz eindeutig ins negative, so ist der Kraftabfall – und damit der Riß – detektiert. <u>Bild 3-4</u>

zeigt einen Auschnitt aus einem gemessenen KWV mit einem Riß
mit der Kennzeichnung des Detektionspunktes durch die Analyse
auf Kraftabfall (K) und durch das WOLTER-Rißentstehungsprüfge-
rät (W). Ebenso eingetragen ist der gerechnete Steifigkeitsverlust Sv und die vom Rißentstehungsprüfgerät angezeigte Maximal-
beschleunigung (relativer Wert, einstellungsabhängig). Dieses
Verfahren versagt, wenn sich auf Grund der im Verhältnis zur
Rißbildung zu hohen Stößelgeschwindigkeit kein Kraftabfall
zeigt, so wie in Bild 3-5.

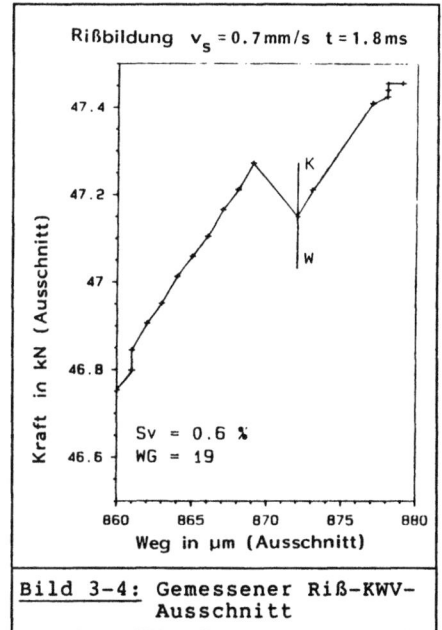

Bild 3-4: Gemessener Riß-KWV-
Ausschnitt

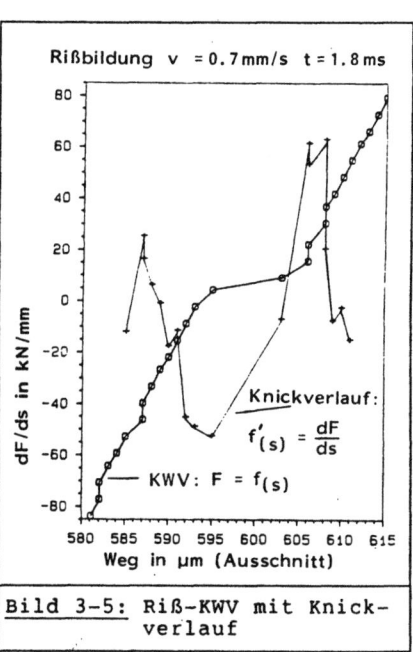

Bild 3-5: Riß-KWV mit Knick-
verlauf

Die Abtastrate der KWV-Punkte hat einen Einfluß auf die Kon-
stanz der sich im Normalfall entwickelnden Kraftdifferenzen.
Ist die Abtastrate hoch, so sind die Differenzen klein und werden erheblich vom Meßwertrauschen und dem Digitalisierungssprung beeinflußt. Dafür wird aber der Zeitpunkt der Rißentstehung mit hoher Wahrscheinlichkeit erfaßt. Bei niedrigeren Abtastraten sind die Differenzen der Kräfte größer, das Rauschen
und der Digitalisierungssprung haben weniger Einfluß, aber die
Wahrscheinlichkeit, den Riß oder den ganzen Übergang vom einen
zum anderen KWV zu verpassen, steigt.

Besser als einfache Differenzen sind bei hohen Abtastraten die
Differenzen der Steigungen kurzer Ausgleichsgeraden, die aneinanderhängend berechnet werden. Der Vergleich der Steigungen
ermöglicht es, einen Knick zu erkennnen. In Bild 3-5 ist der
KWV-Ausschnitt und der Verlauf der Steigungsdifferenz einer
auch vom WOLTER-Gerät nicht detektierten Rißentstehung wieder-
gegeben. Auf Grund der immer vorhandenen Schwankungen im KWV
ist eine Ansprechschwelle erforderlich, bei deren Überschreitung durch die Steigungsdifferenz ein signifikantes Knicksignal
erzeugt wird. Dieses Verfahren eignet sich besonders für hohe
Abtastraten. Die Länge der Ausgleichsgeradenstückchen sollte
kleiner als die Übergangsstrecke (a-c, Bild 3-3) eines zu
erwartenden Risses mit dem zu detektierenden Steifigkeitsverlust sein.

Für Anwendungsfälle, in denen es sinnvoll erscheint, kann dieses KWV-Knickdetektionsverfahren auch durch eine Analogschal-
tung realisiert werden, deren Prinzip in Bild 3-6 gezeigt ist,
das z.T. dem in Bild 3-2 ähnelt. Das Kraftmeßsignal wird zunächst differenziert. Ein Verzögerungsglied speichert die zu
erwartende Steigung. Der Ausgang des Differenzierers und des
Verzögerers werden auf einen Differenzverstärker gegeben, dessen Ausgang wiederum mit der Ansprechschwelle verglichen und
durch den Schmitt-Trigger zum logischen Rißdetektionssignal
geformt wird.

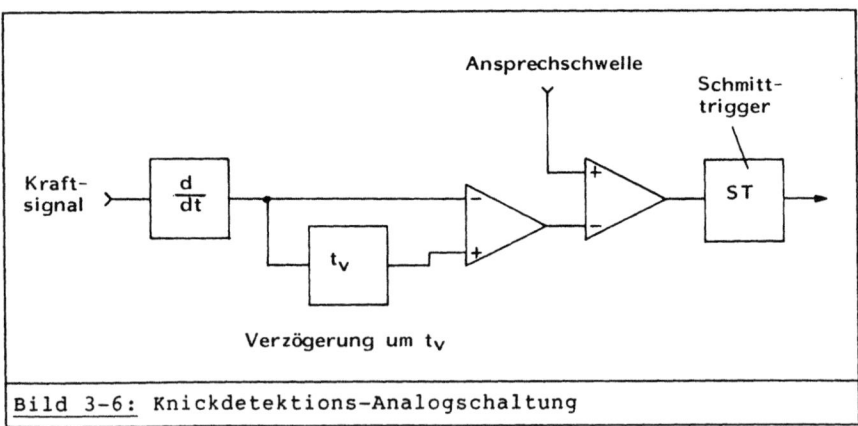

Bild 3-6: Knickdetektions-Analogschaltung

3.2.3 Berechnung der Rißdetektierbarkeit

Durch Verfeinerung der in 3.2.1 aufgeführten Grenzbetrachtungen sollen nun die Bedingungen berechnet werden, unter denen sowohl mit einer nennenswerten Schwingungsanregung als auch mit einem erkennbaren Knick im KWV zu rechnen ist.

Die Ausgangsamplitude A_0 der Druckstückschwingung läßt sich überschlägig berechnen aus der Auffederung des Druckstücks durch den vom Steifigkeitsverlust sv bewirkten Kraftabfall $F_{RE} \cdot sv$, der Rißentstehungszeit t_{RE} (während der die Rißbildung mit konstanter Geschwindigkeit erfolge), der Geschwindigkeit des Druckstücks v_D und der Wellensteifigkeit c_W

$$A_0 = \frac{\overbrace{F_{RE} \cdot sv}^{\substack{\text{Kraftabfall durch} \\ \text{den Riß}}} - \overbrace{v_D \cdot t_{RE} \cdot c_W \cdot (1-sv)}^{\substack{\text{Kraftzunahme während der} \\ \text{Rißentstehung}}}}{c_D} \qquad (3-3)$$

Der Modellfall mit v_D = 5mm/s, t_{RE} = 0.5 ms, F_{RE} = 18 kN und sv = 1% ergibt die kleine Schwingungsamplitude A_0 = 0.015 μm. Multipliziert mit dem Quadrat der Eigenkreisfrequenz des Druckstücks ergibt dies eine Beschleunigung von 46 m/s², die sehr gut meßbar ist. Gl. (3-3) ist so zu verstehen, daß der Zähler nur 0 oder positiv werden kann, so daß Rißbildungen mit der Entstehungszeit

$$t_{RE} \geq \frac{F_{RE} \cdot sv}{v_D \cdot c_W \cdot (1-sv)} \qquad (3-4a)$$

oder, mit $s_{gRE} = \dfrac{F_{RE}}{c_W}$

$$t_{RE} \geq \frac{s_{gRE} \cdot sv}{v_D \cdot (1-sv)} \qquad (3-4b)$$

keine Schwingungsanregung bewirken und somit nicht detektiert werden können.

Diese Grenze ist gleichbedeutend damit, daß die Kraft während
der Rißentstehung nicht absinkt. Die oben beschriebene KWV-
Knickerkennung könnte, bei Abtastzykluszeiten $< t_{RE}$, noch wir-
ken, wenn der KWV ansonsten glatt genug ist. Die überschlägige
Detektionsgrenze in Gl. (3-4b) hat mehrere Parameter, die in
der Praxis nicht unabhängig voneinander sind. Die Abhängigkeit
vom Steifigkeitsverlust sv ist hyperbolisch, für den relevanten
Bereich bis 3 % kann sie als linear betrachtet werden. Die
Durchbiegung der Welle zur Rißzeit s_{gRE} hängt vom Verhältnis
zwischen Wellendurchmesser und dem Abstand der Auflager ab; im
Effekt geht sie linear ein. Die Rißbildungszeit wird in einem
gewissen Bereich von der Druckstück-(Stößel-) Geschwindigkeit
beeinflußt und sinkt ein wenig bei höherer Druckstückgeschwin-
digkeit, bis die Rißbildungsgeschwindigkeit zu groß wird und
der Riß nicht mehr am weicheren Kern der Welle stehenbleibt,
sondern ein Totalbruch entsteht.

In der Praxis fällt die Grenze für die Schwingungsanregung
weniger deutlich aus. Weil die Rißbildung nicht mit konstanter Geschwindigkeit verläuft, führt jede Rißbildung zu einer
gewissen Schwingungsanregung. Sonst wäre die Rißbildung auch
nicht hörbar.

3.2.4 Modellrechnungen zur Rißentstehung

3.2.4.1 Beschreibung der Modellbildung

Zur Berechnung der zu erwartenden KWV-Unregelmäßigkeit und der
meßbaren Beschleunigung bei der Rißentstehung wird die Kraft-
übertragungsstrecke der Richtmaschine durch eine Reihenschaltung mehrerer Feder-Masse-Dämpfer-Systeme abgebildet (Bild
3-7), wobei die Aufteilung der Massen der schwingenden Kontinua
Kolbenstange, Druckstück, Welle und Auflager gemäß [24, S.150f]
erfolgt und der danach ruhende Massenanteil dem übergeordneten
Strukturelement zugerechnet wird. Das Druckstück wird wegen der
in der Mitte angeordneten Kraftmeßeinrichtung in zwei Hälften
aufgeteilt. Die Stößelgeschwindigkeit wird von einem (hydraulischen) Folgeregelkreis aus einer vorgegebenen konstanten
Geschwindigkeit erzeugt.

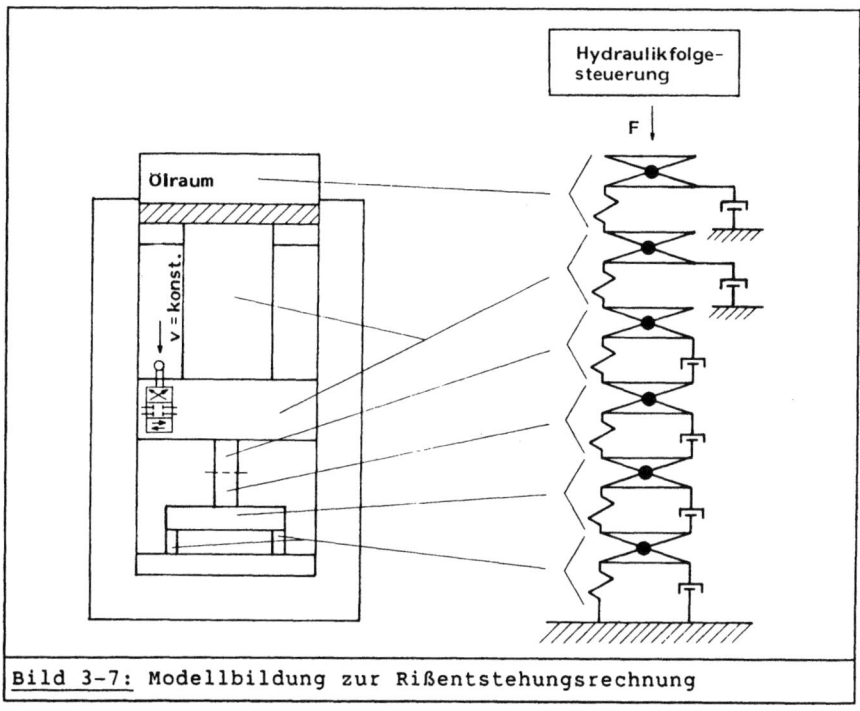

Bild 3-7: Modellbildung zur Rißentstehungsrechnung

Die Berechnung des Verhaltens des Gesamtsystems erfolgt entsprechend dem Signalfluß in Bild 3-8 in einem Zeitschritt-Simulationsverfahren. Bei der Reihenschaltung der Elemente hat dies zur Folge, daß die Rückwirkung einer Veränderung pro Element um einen Rechengang verzögert ist. Diese Verzögerung ist vernachlässigbar, wenn der verwendete Zeitschritt hinreichend klein gegenüber den im System auftretenden Eigenschwingungsperioden und Schwingungsdauern ist.

Um den Einfluß der hydraulischen Folgesteuerung von den Vorgängen direkt an der Welle trennen zu können, wurden die Berechnungen mit und ohne die Folgesteuerung durchgeführt. Im zweiten Fall wurde eine konstante Stößelgeschwindigkeit angenommen. Die Daten für die Simulation wurden der Versuchsmaschine angepaßt: Stößelmasse 500 kg; Vollauslenkung des Steuerventils 5 mm; Kolbenstange 125 mm Ø, 400 mm Länge; Druckstück 40·60·160 mm; Auflager zusammen ebenso. Für die Ergebnisse der Rechnungen ist

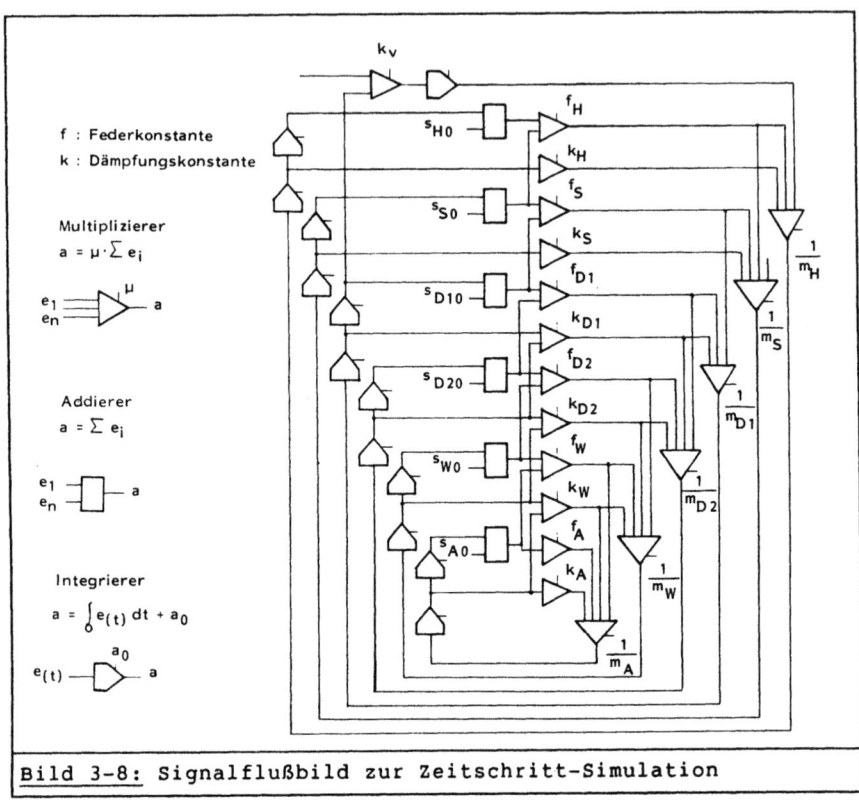

Bild 3-8: Signalflußbild zur Zeitschritt-Simulation

die Größe der Dämpfung im Druckstück entscheidend. Sie wurde so berechnet, daß sich Schwingungszeiten um drei Millisekunden ergeben, wie sie in etwa auch gemessen wurden. Die Rißbildung wurde als linearer Steifigkeitsverlust der Welle während der Rißbildungszeit gerechnet. Der Gesamtsteifigkeitsverlust wurde mit 1 % vorgegeben. Der Rißbildungszeitpunkt wurde für eine Zugspannung von 500 N/mm² (bei vorher eigenspannungsfreier Welle) in der untersten Randschicht vorgegeben. Variiert wurden die Parameter Rißbildungszeit und Stößelgeschwindigkeit für 3 verschieden steife Wellen.

Die für die Rißerkennung relevanten Ergebnisse sind in Tabelle 4 zusammengefaßt. Es zeigte sich, daß der Einfluß der Art der Stößelbewegung (konstant/geregelt) auf die Detektierbarkeit gering ist, daher enthält die Tabelle nur die Ergebnisse mit

Folgesteuerung. Bild 3-9 zeigt alle mit Hydraulik-Folgesteue-
rung errechneten KWVe zur Rißbildungszeit als Graphen. Der ge-
zeigte Ausschnitt beginnt jeweils kurz vor dem Riß und geht bis
zur doppelten Wegstrecke a-c (Bild 3-3, S. 85), wobei die Kraft
zwischen den Druckstückhälften, entsprechend der Versuchsanordnung, gerechnet wird. Der Weg ist die Bewegung der Welle, in
der die Stauchung der Auflager enthalten ist. In den Einzelbil-
dern ist jeweils oben die Sollgeschwindigkeit des Stößels in
mm/s, die Rißbildungszeit in ms und unten die errechnete Maxi-
malbeschleunigung in m/s² eingetragen.

Tabelle 4: Ergebnisse der Rißdetektionssimulation

Welle L R	t_{RE} ms	v_s mm/s	a_W m/s²	sign.	a_S m/s²	ΔF_{KA} kN	ΔF_{KA} %
300 10	0.1	1	19.91	JA	0.240	0.0540	1.2
		3	18.89	JA	0.244	0.0484	1.1
		8	18.98	JA	0.267	0.0341	0.8
	0.5	1	2.11	JA	0.096	0.0423	0.9
		3	2.12	JA	0.105	0.0367	0.8
		8	2.05	JA	0.110	0.0224	0.5
	2.0	1	0.61	NEIN	0.034	0.0201	0.4
		3	0.63	NEIN	0.032	0.0144	0.3
		8	0.57	NEIN	0.112	--	--
200 14	0.1	1	72.72	JA	0.961	0.1999	1.1
		3	72.71	JA	1.049	0.1321	0.7
		8	72.57	JA	1.526	--	--
	0.5	1	8.18	JA	0.387	0.1364	0.7
		3	8.19	JA	0.454	0.0686	0.4
		8	8.48	JA	0.910	--	--
	2.0	1	2.54	JA	0.126	0.0530	0.3
		3	2.60	JA	0.213	--	--
		8	2.72	JA	0.696	--	--
150 25	0.1	1	211.98	JA	1.850	--	--
		3	211.77	JA	2.056	--	--
		8	212.91	JA	1.456	--	--
	0.5	1	27.13	JA	0.832	0.0573	0.1
		3	27.46	JA	1.227	--	--
		8	26.16	JA	2.150	--	--
	2.0	1	6.88	JA	0.296	--	--
		3	7.06	JA	0.514	--	--
		8	7.09	JA	2.605	--	--

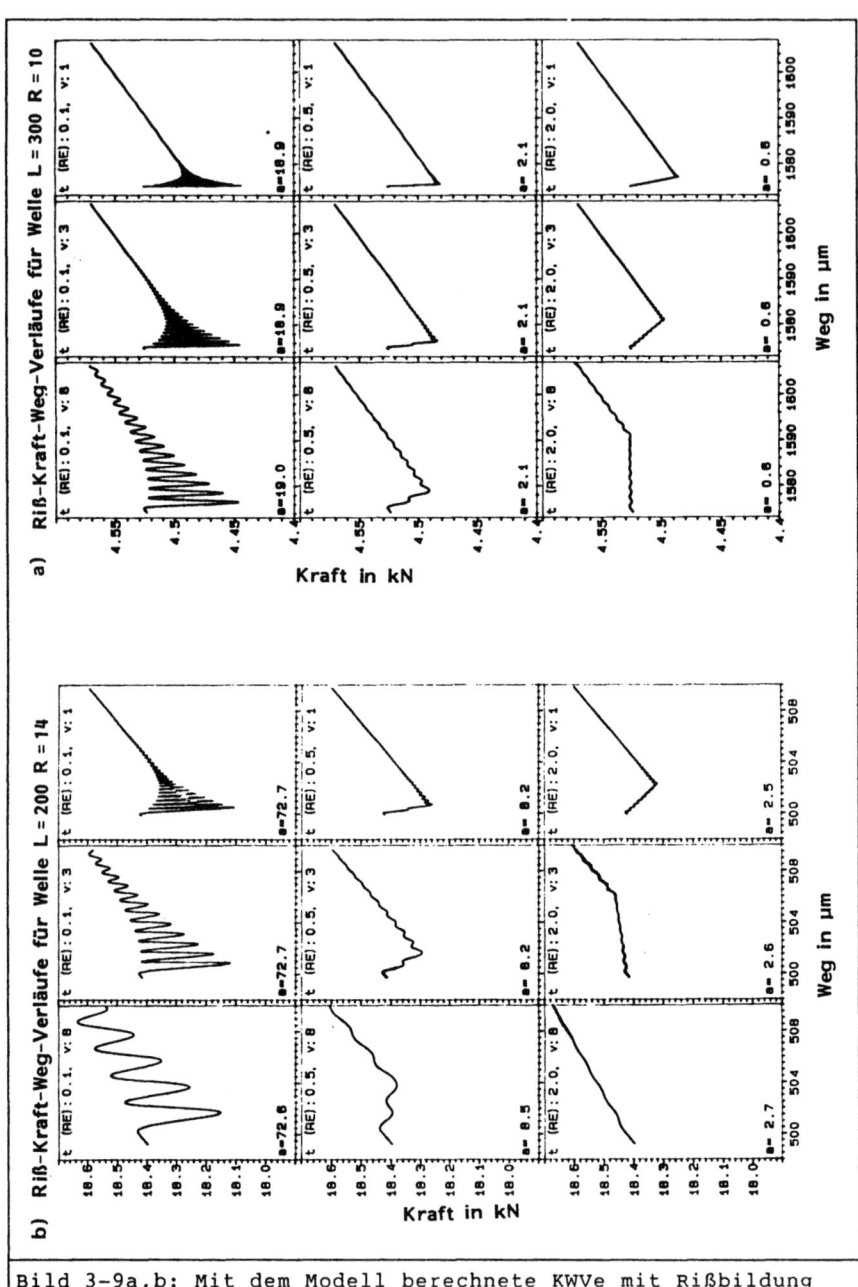

Bild 3-9a,b: Mit dem Modell berechnete KWVe mit Rißbildung

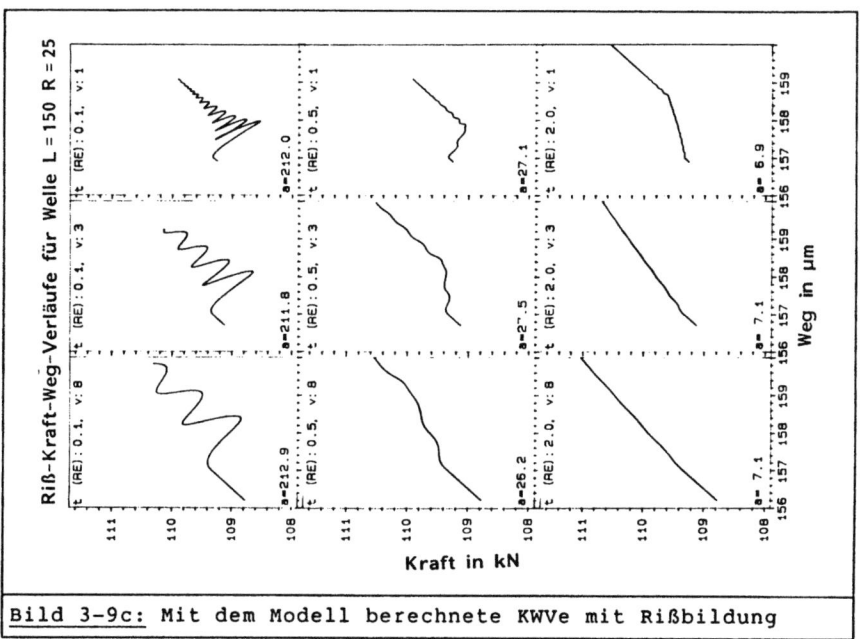

Bild 3-9c: Mit dem Modell berechnete KWVe mit Rißbildung

Wesentlich für die Rißdetektierbarkeit ist, insbesondere bei der sehr steifen Welle, die Wahl der Anfangsbedingungen. Wurde das Aufsetzen des bewegten Druckstücks auf die noch in Ruhe befindliche Welle gerechnet, so waren bei hohen Stößelgeschwindigkeiten die davon angeregten Stößelschwingungen zur Zeit der Rißentstehung noch nicht abgeklungen. Daher wurden die bisher gezeigten Ergebnisse ohne den Anfangsstoß gerechnet. Bild 3-10 zeigt das Beschleunigungssignal, das sich beim Aufsetzen auf die steifste der drei Modellrechenwellen bei einer Stößelgeschwindigkeit von 8 mm/s ergibt. Die Entstehungszeit des Risses, dessen Beschleunigungssignal noch sichtbar ist, war 0.5 ms. Die langsame Schwingung stammt, der Eigenfrequenz nach, vom Stößel.

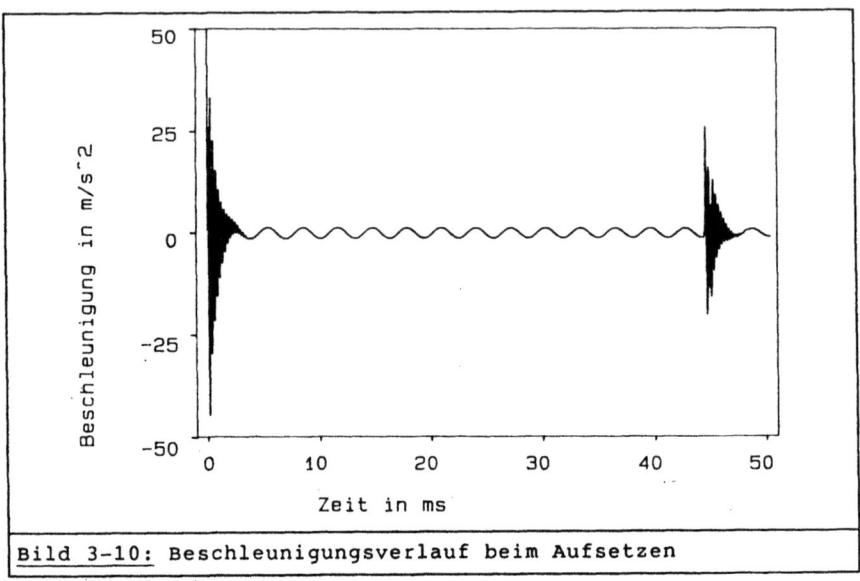

Bild 3-10: Beschleunigungsverlauf beim Aufsetzen

3.2.4.2 Diskussion der Rechenergebnisse

Die Modellrechnungen bestätigen die Annahme, daß die Detektierbarkeit der Rißentstehung überwiegend von Vorgängen an der Welle und vor allem im Druckstück beeinflußt wird. Dies gilt sowohl für die Deutlichkeit der Unregelmäßigkeit im KWV wie auch für die Höhe des Beschleunigungssignals. Ebenso werden die Grenzbetrachtungen zur Detektierbarkeit im wesentlichen bestätigt. Lediglich ist der Betrag der meßbaren Beschleunigung geringer, weil die Auffederung der Auflager, die derjenigen des Druckstücks entgegengerichtet ist, die Schwingungsanregung vermindert. Bei hohen Stößelgeschwindigkeiten verringern sich somit die Erkennungsmöglichkeiten.

3.2.5 Ergebnis eigener Versuche

In einer Versuchsreihe wurden 35 Exemplare der Versuchswelle soweit durchgebogen, bis sowohl ein auf der Beschleunigungsmessung basierendes Rißentstehungserkennungsgerät (Wolter) als auch ein Kraftabfall-Detektionsalgorithmus einen Riß angezeigt hatten, woraufhin die Stößelbewegung umgekehrt wurde. Bei einer KWV-Abtastzykluszeit von 1.8 ms ergab sich eine Übereinstimmung der Verfahren bis zu einer Stößelgeschwindigkeit von 2 mm/s. Es sind alle Risse detektiert worden, deren Entstehung hörbar war. Bei höheren Geschwindigkeiten versagte die Kraftabfalldetektion auf Grund der zu hohen Abtastzykluszeit und detektierte die Risse nicht mit der gleichen Zuverlässigkeit. Bild 3-11 zeigt von einigen der gemessenen KWV die Ausschnittvergrößerungen zur Rißentstehungszeit. In diesen Diagrammen ist auch das Ansprechen der beiden Erkennungsverfahren gekennzeichnet und der Skalenwert des vom Wolter-Gerät gespeicherten Maximalpegels vermerkt. Auch bei ähnlich großem Steifigkeitsverlust weisen die gespeicherten Maximalpegel unterschiedliche Werte auf; ein Hinweis auf eine unterschiedliche Rißbildungsdynamik.

In sieben Fällen versagte die Kraftabfalldetektion beim ersten Riß. Bei diesen Wellen ist die Bewegungsrichtung erst nach dem Überschreiten eines Sicherheitsweges bzw. beim Auftreten eines zweiten Risses umgekehrt worden. Dadurch konnte sich der Riß weiter öffnen, wie am Anfang von Kapitel 3 erläutert. Nach dem Abschluß der Versuche sind die Wellen mit dem Farbeindringverfahren auf Risse untersucht worden, wobei nur ebenfalls sieben Wellen als gerissen erkannt wurden. Obwohl nicht mehr sicher nachzuweisen war, daß diese sieben Wellen identisch waren, ist es doch sehr wahrscheinlich.

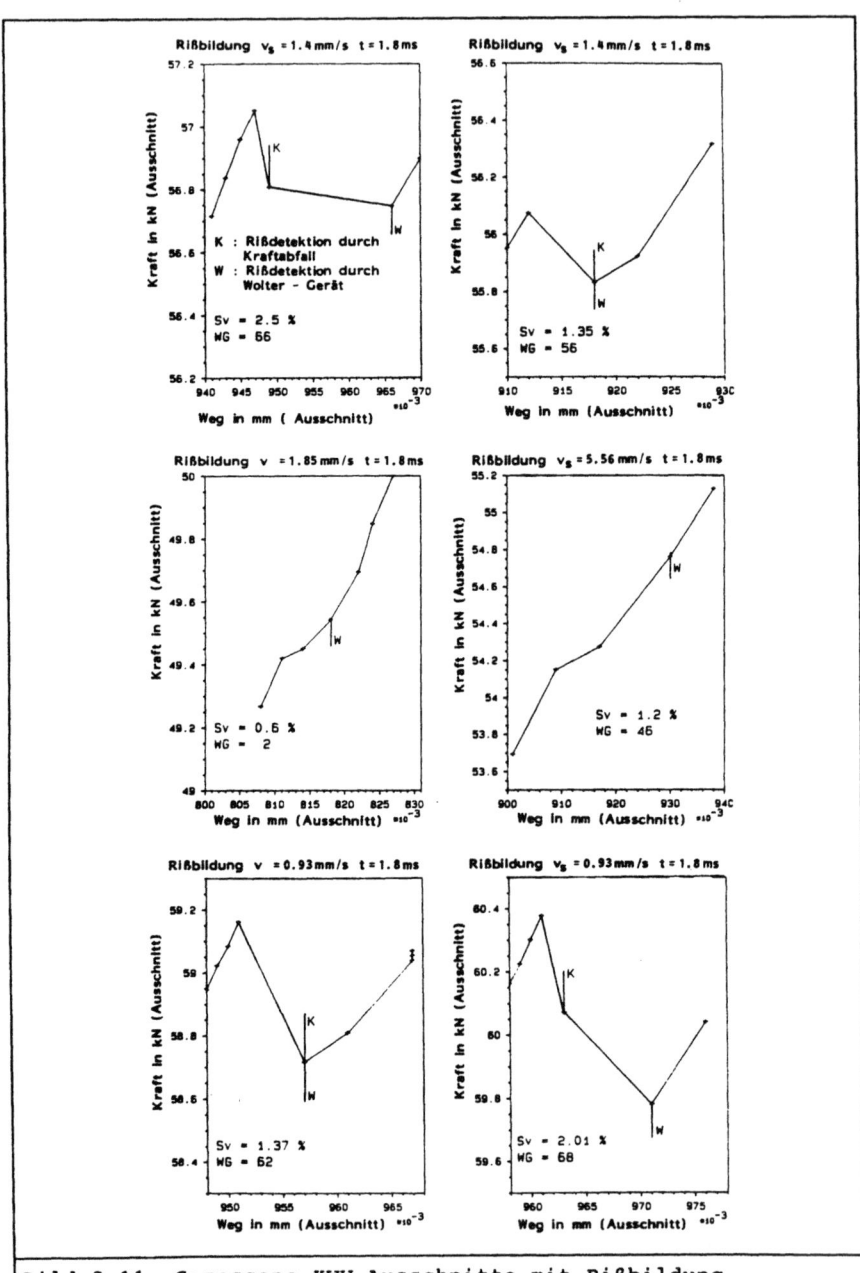

Bild 3-11: Gemessene KWV-Ausschnitte mit Rißbildung

3.3   Verfahrensvergleich und -bewertung

Die Rißentstehungsdetektion durch Beschleunigungsmessung erwies
sich sowohl in der modellhaften Betrachtung als auch in den
eigenen Versuchen als ein zuverlässiges Verfahren. Voraussetzung ist allerdings die Abwesenheit von anderen Beschleunigungen als die von der Rißentstehung herrührenden. Da die von der
Rißbildung erzeugten Beschleunigungen in erster Linie in der
Eigenfrequenz des Druckstücks auftreten, läßt sich der Abstand
Nutz- zu Störsignal durch den Einbau eines darauf abgestimmten
Bandpasses ("Klangfilter", in Bild 3-2, S. 84 gestrichelt eingezeichnet) vergrößern . Hohe Stößelgeschwindigkeiten führen zu
geringerer Erkennbarkeit, außerdem verursachen sie bei hartem
Aufsetzen auf die Welle Störbeschleunigungen, die ein Heraufsetzen der Ansprechschwelle erforderlich machen.

Die Rißentstehungserkennung an Hand des KWV bietet keine Vorteile in der Erkennungssicherheit. Sie ist also nur dann sinnvoll einzusetzen, wenn ohnehin das KWV-gesteuerte Biegeverfahren zur Anwendung kommt. Dann erfordert sie, bei ausreichend
hoher Rechenleistung des Biege-Prozeßrechners, die eine Abtastzykluszeit unter 1 ms zuläßt, keinen zusätzlichen apparativen
Aufwand. Die durch die Stößelgeschwindigkeit vorgegebene
Erkennbarkeitsgrenze liegt bei diesem Verfahren praktisch niedriger. Dies spielt in der beschriebenen Anwendung aber keine
Rolle, da für das KWV-gesteuerte Biegeverfahren ohnehin niedrigere Geschwindigkeiten günstiger sind.

Beide Erkennungsverfahren arbeiten um so weniger zuverlässig,
je eher der Riß auftritt. Die dann wirkenden Kräfte sind noch
niedrig und die relative Kraftänderung weist absolut einen geringen Wert auf. Sowohl die davon angeregte Schwingung als auch
der Kraftabfall können nur klein sein; auch der Knick im KWV
fällt sehr kurz aus. Allerdings ist es wenig wahrscheinlich,
daß ein Riß zu Anfang der Umformung auftritt. Sollte dies doch
geschehen, ist es wenig wahrscheinlich, daß der Riß im Verlauf
des Biegevorgangs nicht weiterwächst oder gar zum Totalbruch
führt und dann doch noch detektiert werden kann. Daher ist
diese Einschränkung der Wirksamkeit der Rißentstehungserkennung
als praktisch irrelevant zu betrachten.

Es sollen die Möglichkeiten zur Beherrschung des II. Grundproblems des Richtens behandelt werden. Wie in der Einleitung
beschrieben, besteht bei den meisten Werkstücken mit mehreren
Richtstellen das Problem, daß die Verformungen der einzelnen
Richtstellen voneinander abhängig sind. Um von der Automatisierung einer Richtaufgabe eine möglichst große Wirkung zu erhalten, ist es notwendig, diese Abhängigkeiten zu erfassen und so
zu verarbeiten, daß das iterative Vorgehen weitgehend vermieden
wird. Ziel ist es, folgendes Vorgehen zu ermöglichen:

- Messen aller Abweichungen,
- Berechnen aller erforderlichen Formänderungen unter Berück-
  sichtigung der Abhängigkeiten,
- Gezielte Durchführung der Formänderungen.

→ Werkstück gerichtet!

4.1   Stand der Technik (beim Wellenrichten)

Nachdem die ersten Wellenrichtautomaten ohne Berücksichtigung
der Abhängigkeiten mehrerer Richtstellen arbeiteten, was in der
Produktion zu verlängerten Richtzeiten führte, gehört seit 1980
das "relative Richten" [5] zum Stand der Technik. Dabei wird
die Abweichung an einer Meßstelle nicht mehr zur idealen Soll-
lage hin korrigiert, sondern die Welle wird relativ zu den benachbarten Meßstellen begradigt. Damit wird, wie in Bild 1-1a
(S. 18) dargestellt, die Welle als geknickter Streckenzug betrachtet; das Begradigen zwischen den benachbarten Richtstellen
beseitigt den Knick an der aktuellen Stelle. Sind alle Knicke
beseitigt, ist die Welle gerichtet. Dieses Verfahren entspricht
im Ansatz der unter 4.2.3 beschriebenen Lösungsmöglichkeit.

In den Richtmaschinen der Kategorie I (z.B. für Fahrradrahmen)
sind keine Methoden zur Berücksichtigung der oben diskutierten
Abhängigkeiten vorgesehen worden. Es wurde - und wird - "mecha-
nisch iteriert".

4.2 Lösungsmöglichkeiten

Im folgenden sollen drei Verfahrensweisen beschrieben werden, die aufeinander aufbauen. Die jeweiligen Stufen verlieren zwar an allgemeiner Verwendbarkeit und an Einfachheit, gewinnen aber - zumindest prinzipiell - an Präzision.

4.2.1 Einfache Bewegungsmethode

Für jedes beliebige Werkstück auf einer angepaßten Richtmaschine der Kategorie I (siehe Tabelle 1, S. 20) mit n Richtstellen äußert sich die Abhängigkeit, die Folge der geometrischen Struktur des Werkstücks ist, dadurch, daß jede eingeleitete Formänderung se_j an einer Richtstelle j an den anderen Richtstellen Bewegungen si_k (se_j) induziert (k von 1 bis n):

$$se_j \rightarrow \begin{bmatrix} si_1 (se_j) \\ si_2 (se_j) \\ \cdot \\ \cdot \\ si_n (se_j) \end{bmatrix} \qquad (4-1)$$

wobei si_j (se_j) = 0 gesetzt wird.

Alle eingeleiteten Formänderungen, als Vektor **SE** geschrieben, haben damit folgende Gesamtwirkung:

$$SE \rightarrow SE + \sum_{j=1}^{n} SI_j (se_j) \qquad (4-2)$$

Sollen nun die gemessenen Abweichungen, bezeichnet als Vektor **SA**, durch Formänderungen **SE** beseitigt werden, so kann diese Aufgabe durch die Gleichung

$$SA - (SE + \sum_{j=1}^{n} SI_j (se_j)) = 0 \qquad (4-3)$$

beschrieben werden, die es nach **SE** aufzulösen gilt, um die tatsächlich einzuleitenden Formänderungen zu erhalten.

Wegen der Beschreibung der Abhängigkeiten durch gemessene Bewegungen soll die daraus im folgenden hergeleitete Methode den Namen "Bewegungsmethode" erhalten. Prinzipiell ist diese Darstellung auch für Richtprobleme der Kategorie II anwendbar, es müssen nur anstelle der hier noch skalaren Bewegungen se_j , sA_j und si_j Vektoren in der dem Richtproblem angepaßten Dimension benutzt werden. Für Kategorie III ist die Beschreibung nicht anwendbar, weil es keine feste Anzahl Richtstellen gibt. Der Übersichtlichkeit halber, und weil für Wellenrichtmaschinen (= Kategorie II) bereits bessere Methoden existieren, wird die Herleitung für die Kategorie I durchgeführt.

Gl. (4-3) ist in der Form nicht nach SE auflösbar, weil in der Summe noch die nicht explizit formulierten Abhängigkeiten der SI_j von den se_j stehen. Für die einfache Bewegungsmethode werden diese Abhängigkeiten als linear postuliert, so daß gilt

$$si_{j,k} = a_{j,k} \cdot se_j \qquad\qquad (4-4).$$

Damit läßt sich Gl. (4-3) in Matrixform schreiben

$$
\begin{bmatrix} sA_1 \\ sA_2 \\ \cdot \\ \cdot \\ sA_n \end{bmatrix}
-
\begin{bmatrix}
1 & a_{1,2} & a_{1,3} & \cdots & a_{1,n} \\
a_{2,1} & 1 & a_{2,3} & \cdots & a_{2,n} \\
\cdot & & \cdot & & \cdot \\
\cdot & & \cdot & & \cdot \\
a_{n,1} & a_{n,2} & a_{n,3} & \cdots & 1
\end{bmatrix}
\cdot
\begin{bmatrix} se_1 \\ se_2 \\ \cdot \\ \cdot \\ se_n \end{bmatrix}
= 0 \qquad (4\text{-}5a)
$$

oder

$$SA \quad - \quad A \quad \cdot \quad SE = 0 \qquad (4\text{-}5b)$$

Die explizite Lösung für den gesuchten Vektor SE lautet dann

$$SE = A^{-1} \cdot SA \qquad\qquad (4\text{-}6)$$

Jetzt fehlen noch die Koeffizienten der Abhängigkeitsmatrix A. Diese können experimentell in einer Lernphase oder auch adaptiv während der Produktion ermittelt werden, und zwar wie folgt: Zu jeder Formänderung se_j , die eingeleitet wird, werden die induzierten Bewegungen $si_{j,k}$ (se_j) gemessen und aufsummiert. Nach jeder neuen Formänderung können die Koeffizienten $a_{j,k}$ neu berechnet werden durch

$$a_{j,k} = \frac{\sum si_{j,k}}{\sum se_j} \qquad (4-7).$$

Die Maschinensteuerung kann mit der Einheitsmatrix für die Abhängigkeitsmatrix beginnen und sie dann während der Produktion nach Gl. (4-7) mit Koeffizienten füllen, wodurch sie ständig dazulernt. Eine Überprüfung der Datensammlungen zu den $a_{j,k}$ durch Regressionsanalysen kann nach längerer Produktionszeit Aufschluß darüber geben, ob die Annahme des linearen Zusammenhangs gerechtfertigt ist.

Je nach Breite des Toleranzbandes, der Sollmaße und der Streubreite der Werkstückeigenschaften wird diese einfache Bewegungsmethode nicht zwingend die mechanische Iteration vermeiden. Auf jeden Fall verringert sie die Anzahl der Iterationsschritte erheblich. Ihr Vorteil liegt darin, daß sie ohne Änderung und ohne merkliche Anpassungsarbeit an jedem Richtautomaten der Kategorie I verwendbar ist, gerade jener Kategorie, für die bisher überhaupt kein Ansatz zur probierfreien Automation vorhanden war. Die Möglichkeit, eine Standardsteuerung für beliebige Richtmaschinen zur Verfügung zu haben, kann die in dem für solche Richtmaschinen in Frage kommenden Anwenderkreis aus Kostengründen noch bestehende Hemmschwelle herabsetzen.

4.2.2   Bewegungsmethode mit Bewegungsmodell

Für die Anwendungsfälle, in denen der lineare Zusammenhang zwischen eingeleiteten Formänderungen und induzierten Bewegungen nicht ausreichend ist, ist es zwar denkbar, aus den Datensammlungen, die in der einfachen Bewegungsmethode zur Berechnung der Matrixkoeffizienten angelegt wurden, mit Hilfe irgendwelcher Ausgleichsrechnungen weitere Zusammenhänge zu konstruieren, doch werden diese Datensammlungen nicht sehr signifikant sein. Sinnvoller ist die Beschreibung des Werkstücks durch ein Bewegungsmodell, in dem alle Biege- und Torsions-Umformzonen konzentriert als Gelenke, und Zug-Druck-Umformzonen als Schiebehülsen abgebildet werden. Die dazwischen liegenden Zonen des

Werkstücks werden als starr betrachtet. Die induzierten Bewegungen können dann analytisch aus den Bewegungsverhältnissen der kinematischen Ketten abgeleitet werden, wobei Vereinfachungen gegebenenfalls durchaus zulässig sind.

Bei Vorhandensein nichtlinearer Abhängigkeiten der $si_{j,k}$ (se_j) läßt sich Gl. (4-3) nicht mehr in die Matrixform Gl. (4-5) bringen, so daß eine explizite Lösung für SE wie in Gl. (4-6) nicht mehr möglich ist. Gelöst werden kann dieses Problem durch eine Iteration nach dem Schema in Gl. (4-8)

$$SE_{m+1} = SE_m + \sum_{j=1}^{n} SI_j \, (se_{j_m}) \qquad (4-8) \, ,$$

wobei zu Anfang SE = SA gesetzt wird. Wenn die Modellbildung physikalisch sinnvoll durchgeführt wurde, und das Werkstück beim normalen Richten nach einer endlichen Anzahl von Versuchen gerichtet ist, dann konvergiert auch die iterative Rechnung nach Gl. (4-8). Im Beispiel der Fahrradgabel wird die Konvergenz nach fünf bis sieben Iterationsschritten erreicht.

Die schematische Darstellung der Welle in Bild 1-1a (S. 18) ist bereits ein einfaches Bewegungsmodell für eine Welle. Eine für beliebige Strukturen beispielhafte Bewegungsmodellbildung an der Fahrradgabel sieht aus wie in Bild 4-1a, das in Tabelle 5 näher erläutert ist:

Tabelle 5: Drehungen im Bewegungsmodell der Fahrradgabel					
Formänd.(s_j) in Achse	=Drehung um Achse	entspr. Richtung	Radius	Ordnung Effekt	beeinflußt
y	z	C	$r_{C_{F_y}}$	Haupt	C
y	x	A	$r_{A_{F_y}}$	Neben	A
z	y	(B)	$r_{b_{F_z}}$		
C	C	C	$r_{C_{M_C}}$	Haupt	y
C	A	A		Neben	A
A	A	A	$r_{A_{M_A}}$	Haupt	y, z
A	C	C		Neben	C

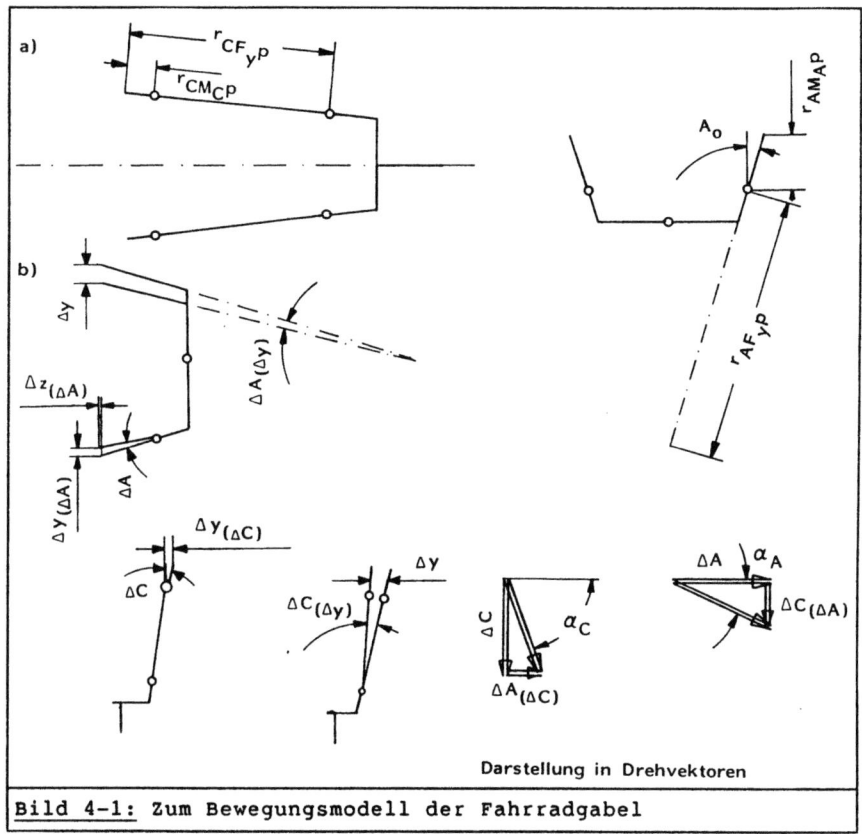

Bild 4-1: Zum Bewegungsmodell der Fahrradgabel

Aus der Darstellung in **Bild 4-1b** werden die Funktionen für die induzierten Bewegungen entnommen:

$$\Delta y \, (\Delta A) = r_{A_{M_A}} \cdot \sin \Delta A_e$$

$$\Delta y \, (\Delta C) = r_{C_{M_C}} \cdot \sin \Delta C_e$$

$$\Delta z \, (\Delta A) = r_{A_{M_A}} \cdot (1 - \cos \Delta A_e)$$

$$\Delta A \, (\Delta y) = \arctan (\Delta y_e \, / \, r_{A_{F_y}})$$

$$\Delta A \, (\Delta C) = \Delta C_e \, / \tan \alpha_C$$

$$\Delta C \, (\Delta y) = \arctan (\Delta y_e \, / r_{C_{F_y}})$$

$$\Delta C \, (\Delta A) = \Delta A_e \cdot \tan \alpha_A$$

Damit wird das Iterationsschema Gl. (4-8) für die Fahrradgabel explizit zu:

$$\Delta y_{e_{m+1}} = \Delta y_{e_m} - r_{A_{M_A}} \cdot \sin \Delta A_{e_m} - r_{C_{M_C}} \cdot \sin \Delta C_{e_m}$$

$$\Delta z_{e_{m+1}} = \Delta z_{e_m} - r_{A_{M_A}} \cdot (1-\cos \Delta A_{e_m})$$

$$\Delta A_{e_{m+1}} = \Delta A_{e_m} - \arctan (\Delta y_{e_m} / r_{A_{F_y}}) - \Delta C_{e_m} / \tan \alpha_C$$

$$\Delta C_{e_{m+1}} = \Delta C_{e_m} - \arctan (\Delta y_{e_m} / r_{C_{F_y}}) - \Delta C_{e_m} \cdot \tan \alpha_A \quad .$$

4.2.3 Methode der entkoppelten Formbeschreibung

Kennzeichnend für die Bewegungsmethode ist, daß das Werkstück unmittelbar in den Koordinaten der Achsen der Richtmaschine betrachtet wird. Das bedeutet, daß die Abhängigkeiten in ihren Wirkungen und nicht in ihren Ursachen gemessen werden. Die Bewegungsmodellbildung leitet über zu einer entkoppelten Formbeschreibung, in der das Werkstück nicht durch die Maschinenkoordinaten, sondern durch Angaben über den Zustand der Umformstellen, die im Bewegungsmodell konkretisiert sind, beschrieben wird. Vorausgesetzt, die Richtmaschine ist so konstruiert, daß jede Umformeinheit ausschließlich ihr zugeordnete Umformstellen beeinflußt, dann sind die Meßdaten des Werkstücks voneinander entkoppelt, da jede Abweichung an einer Umformstelle durch die Formänderung mit der ihr zugeordneten Umformeinheit beseitigt werden kann. Zum gezielten Richten nach dieser Methode sind zwei Transformationen zu vollziehen:

1) Die Transformation der Messung in den Maschinenkoordinaten auf die (räumliche) Beschreibung der Umformstellen.

2) Die Transformation der Abweichungen an den Umformstellen auf Formänderungswege, wie sie an den Umformstelllen in Maschinenkoordinaten gemessen werden können.

Die zweite Transformation ist keineswegs einfach die Umkehrung zur ersten, weil beim Messen andere Bezugsgrößen gelten können als beim Umformen.

Da die Übersichtlichkeit des Beispiels die Verständlichkeit des allgemeinen Ansatzes erhöht, erfolgt die Darstellung anhand einer Welle (Bild 4-2). Die Maschinenkoordinaten der Messung sind Tripel aus

(Mittenabweichung; Winkel; Position der Meßstelle),

die als Zylinderkoordinaten $(r;\ \phi;\ x)$ betrachtet werden können; in diesen Koordinaten erfolgt auch die Sollformangabe. Die im Bewegungsmodell konkretisierten Umformstellen sind Kugelgelenke an den Richtstellen. Die räumliche Beschreibung des Knickes, durch die Beschreibung der Entfernung und der Winkellage des Gelenkes von der Geraden durch die benachbarten Gelenke, ist für genau einen Knick gültig, sie wird durch die Veränderung der anderen Knicke nicht beeinflußt. Die Knickbeschreibung wird aus den Koordinaten der Richtstelle und ihrer beiden Nachbarn gewonnen. Zur Umrechnung in die Formänderungsdaten sind dann noch Angaben über die zum Biegen dieser Richtstelle gültigen Stützstellen erforderlich.

Bild 4-3 erläutert die Durchführung der zwei Transformationen: Für die Berechnung werden die Zylinderkoordinaten $(r;\ \phi;\ x)$ zunächst in kartesische Koordinaten $(y;\ z;\ x)$ überführt. Die Knickabweichung in der y-Richtung wird berechnet aus

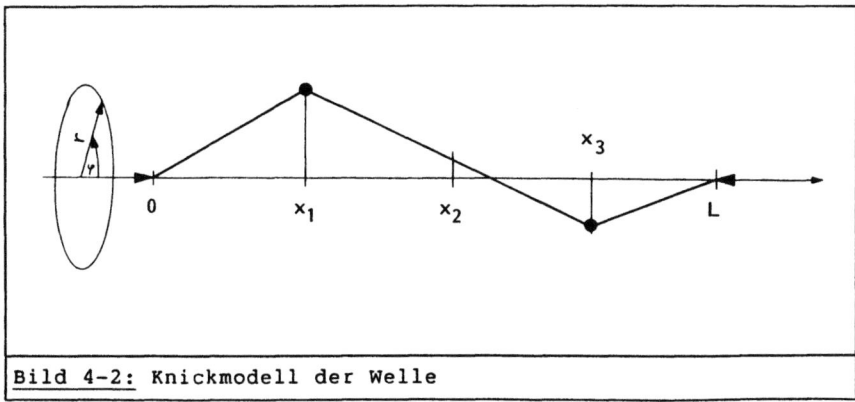

Bild 4-2: Knickmodell der Welle

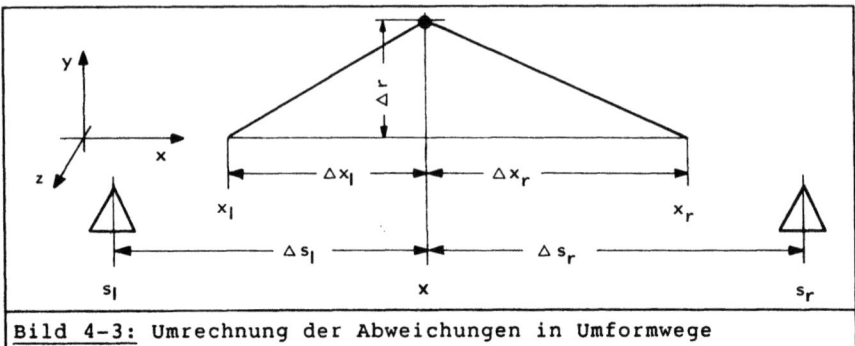

Bild 4-3: Umrechnung der Abweichungen in Umformwege

$$\Delta y = y - \frac{(y-y_L)\cdot(x-x_L) + (y-y_R)\cdot(x_R-x)}{x_R-x_L} \qquad (4-9)$$

Die Berechnung für die Knickabweichung Δz in z-Richtung erfolgt entsprechend. Δy und Δz können wieder in Polarkoordinaten überführt werden; die resultierende Knickabweichung Δr wird über das Verhältnis der Meßstellen- zur Stützstellenentfernung in den Durchbiegeweg Δr^* umgerechnet:

$$\Delta r^* = \Delta r \cdot \frac{(x_R - x_L)\cdot(x - s_L)\cdot(s_R - x)}{(x - x_L)\cdot(x_R - x)\cdot(s_R - s_L)} \qquad (4-10).$$

Das zum Stand der Technik gehörende "relative Richten" entspricht dieser Methode insoweit, als daß diese Rechnung jeweils für die aktuelle Richtstelle durchgeführt wird. Nach dem Richten einer Stelle wird die Welle wieder gemessen und die Rechnung für die nächste Richtstelle mit den neuen Meßdaten durchgeführt. Die dagegen beschriebene Vorgehensweise, zunächst die ganze Welle zu messen, dann alle Durchbiegewege und -winkel zu berechnen um sie schließlich auszuführen, setzt voraus, daß die Umformung nur an der einen Richtstelle stattfindet und daß die Formänderung nur in der Richtung der Krafteinleitung erfolgt. Die Einhaltung der erstgenannten Voraussetzung läßt sich durch Einsatz entsprechender Richtunterlagen erzwingen. Die andere Voraussetzung ist durch Verfahrensparameter nicht beeinflußbar. Sie kann verletzt werden, wenn in der Welle Eigenspannungsverteilungen vorliegen, die zu der Ebene, die aus Wellenachse und Stößelbewegungsrichtung aufgespannt wird, nicht symmetrisch sind. Dies ist besonders dann der Fall, wenn die Biegestelle schon eine bleibende Biegung senkrecht zur neuen Biegeachse erfahren hat.

4.3 Versuchsergebnisse

Mit einer Versuchsmaschine zum Richten von Fahrradgabeln wurden Richtversuche zur Verifikation der Bewegungsmethode mit Bewegungsmodell durchgeführt. Bei 23 Fahrradgabeln wurden im Mittel 2.2 Durchgänge benötigt. Die Durchführung der plastischen Formänderungen geschah dabei in der y- und C- Achse immer nach dem in 2.1.2 beschriebenen Verfahren. Bei 13 Fahrradgabeln wurden A- und z-Achse nach dem KWV-gesteuerten Verfahren verformt. Die mittlere Anzahl der benötigten Durchgänge enthält auch die durch Fehler beim Durchführen der Formänderung notwendig gewordenen Wiederholungen. Als Gegenprobe durchgeführte Richtversuche, ohne die in 4.2.3 beschriebene Rechnung, wurden bald abgebrochen, da meist mehr als fünf Durchgänge notwendig waren und das Ergebnis nur zufällig erreicht wurde, also keine Konvergenz zu beobachten war.

4.4 Verfahrensbewertung

Richten von Werkstücken mit mehreren Richtstellen erscheint aus heutiger Sicht nicht sinnvoll ohne eine rechnerische Berücksichtigung der gegenseitigen Beeinflussung. Es ist allgemein schwer zu entscheiden, welche Methode der Berücksichtigung für eine gegebene Aufgabe verwendet werden soll. Bei komplexen Strukturen mit nicht zu großen Abhängigkeiten ist die allgemein verwendbare einfache Bewegungsmethode angebracht, da kein Entwicklungsaufwand mehr zur Anpassung benötigt wird. Beim Wellenrichten wird bereits das genaueste Verfahren angewandt, ein Übergang zur Bewegungsmethode ist nicht sinnvoll. Ob die vorgestellte Vorgehensweise mit einmaliger Berechnung aller Formänderungswerte aus einer Wellenmessung in der Praxis durch die Einsparung der Wiederholmessungen Vorteile bringt, hängt von der Häufigkeit des Auftretens der erwähnten asymmetrischen Eigenspannungsverteilungen in den zu richtenden Werkstücken ab.

Für neue Richtaufgaben Bewegungsmodelle zu erarbeiten, wenn die einfache Bewegungsmethode nicht ausreicht, wird in der Praxis durch die oft unübersichtlichen geometrischen Verhältnisse erschwert. Hinzu kommt, daß ein Bewegungsmodell eine Struktur-änderung in der Richtmaschinensteuerung bedingt.

5   Zusammenfassung

Für die beiden Grundprobleme der Automatisierung des eigentlichen Richtvorgangs in nahezu beliebigen Richtmaschinen:

1. Beherrschung der Rückfederung   und

2. Berücksichtigung der Abhängigkeit mehrerer Richtstellen

wurden verschiedene Lösungsmethoden erarbeitet, für deren Realisierung ein Prozeßrechner als Richtmaschinensteuerung benötigt wird. Durch gezielten Einsatz von Methoden aus der Statistik, insbesondere der Ausgleichsrechnung, arbeiten die meisten der vorgestellten Methoden adaptiv und verlangen daher nur einen geringen Anpassungsaufwand an reale Probleme. Alle entwickelten Methoden führen zu dem gesetzten Ziel, daß die zum Richten benötigte Anzahl von Umformungen verringert wird, wodurch allgemein die Qualität der gerichteten Werkstücke steigt.

Zur Beherrschung der Rückfederung wurde besonders die Methode der Regelung des Biegevorganges durch den aktuellen Verlauf von Umformkraft und Umformweg von ihren Grundlagen her entwickelt und in allgemein verwendbarer Form hier erstmals dargestellt. Dieses Verfahren zeichnet sich durch seine Unempfindlichkeit gegenüber Streuungen der Eigenschaften der zu richtenden Werkstücke aus.

Das beim Wellenrichten wichtige Thema "Rißentstehungserkennung" wurde durch Diskussion der Detektierbarkeitsgrenzen und durch Simulationsrechnungen grundlegend behandelt. Ein neues Verfahren, nach dem Unregelmäßigkeiten im Kraft-Weg-Verlauf zur Rißentstehungsdetektion ausgewertet werden, wurde erarbeitet und mit dem zum Stand der Technik zählenden Verfahren, nach dem Beschleunigungsspitzen als Rißentstehungsmerkmal gelten, verglichen.

Zur Beherrschung der gegenseitigen Abhängigkeiten mehrerer Richtstellen an einem Werkstück wurden drei systematische Vorgehensweisen entwickelt, von denen die erste, "einfache Bewegungsmethode" genannt, ohne Anpassungsarbeit für einen großen Bereich von allgemeinen Richtaufgaben eingesetzt werden kann.

Q u e l l e n v e r z e i c h n i s

[1] Rutishauser, H. (JENNY-PRESSEN AG)
                     pers. mdl. Mitteilung, Mai 1987

[2] Pischel, H.   Hydraulische Spezial-Richtpressen
                     wt-Z.ind.Fertig. 65 (1975), S. 257-263

[3] NN   Automatisches Richten von Fahrradrahmen
                     FESTO-Pneumatik-Tips 1983

[4] NN   Automatische Richtanlage für Fahrradrahmen
                     Firmenprospekt Fa. Klöckner/Opladen zur
                     Internationalen Fahrrad- und Motorrad-
                     Ausstellung 1982

[5] NN   A.R.P - Prozeßgesteuerter Richtautomat
                     Firmenprospekt der JENNY PRESSEN AG,
                     Frauenfeld, 1984

[6] Spizig, J.   Automatisches Richten verwickelter Werk-
                     stücke
                     Werkstatt und Betrieb 107 (1974) 5, S.261ff

[7] NN   DIN 8586 : Biegeumformen
                     Beuth-Verlag Berlin

[8] Lange, K.   Lehrbuch der Umformtechnik, Bd. 1
                     Springer-Verlag Berlin, Heidelberg
                     New York 1972

[9] Spizig, J.   Automatisches Richten gestufter Wellen
                     Werkstatt und Betrieb 96 (1963) 12, S. 878

[10] Herridge, F.   Half-Shaft manufacture at the Ford works at
                     Swansea
                     Machinery and Production Engineering 126
                     (1975), S. 90-97

[11] NN   Amerikanische Produktionstechnik
VDI-Nachrichten 33 (1979) 13, S. 35

[12] Prümmer, R.   Regeneration der Dauerfestigkeit
     Zeller, R.   nitrierter Wellen nach einem Richtvorgang
VDI-Berichte Nr. 506, 1984

[13] NN   Function Generator Programs Straightening
Press
Automation 9 (1962) 8, S. 66..67

[14] Thoma, J.   Automatische Richtpressen
     Galdabini, R.   Technische Rundschau 65 (1973) 21, S. 15

[15] Engmann, G.   Verfahren und Vorrichtung zur Korrektur von
Sollform-Abweichungen plastisch verform-
barer Gegenstände
Offenlegungsschrift DE 3211489 A1
Deutsches Patentamt

[16] NN   Vollautomatische Richtpressen
Firmenprospekt der MAE Maschinen- und
Apparatebau Götzen GmbH & Co KG, 1984

[17] NN   Automatische Richtpressen
Typenreihe RRE
Firmenprospekt der Müller-Weingarten AG
Unternehmensbereich Esslingen, 1983

[18] Glinzer, O.   AGSY - Auswerte- und Ausgleichssystem
Programmbeschreibung pantuc-Ing.-Büro
Clausthal, 1985

[19] Zurmühl, R.   Praktische Mathematik für Ingenieure und
Physiker
Springer Berlin, Heidelberg etc 1965

[20] Thiel, S.   Conrolled Deformation - a Process to
     Lux, W.   Increase Quality of Automated Adjustment
                      and Straightening
                      in: Bullinger, H.-J.,
                      Warnecke, H.-J. (Hrsg.):
                      Toward the Factory of the Future
                      Proceedings of the 8th ICPR
                      Springer Berlin, Heidelberg etc. 1985

[21] Lux, W.   Geregelte Verformung zur Automatisierung
     Thiel, S.   von Justier- und Richtprozessen
                      HGF-Bericht 86/37 ;
                      Industrieanzeiger 108 (1986) 27, S. 31f

[22] Thiel, S.   Verfahren zum richtenden Umformen, insbeson-
     Kuhn, G.   dere Biegerichten und/oder Torsionsrichten
                      von Werkstücken
                      Offenlegungsschrift DE-OS 33 22 777
                      Deutsches Patentamt 1984

[23] de Forest, A.   Straightening Apparatus
                      US-Patentschrift 2,426,390
                      Patented 26. Aug. 1947

[24] Beitz, W.   Dubbel - Taschenbuch für den Maschinenbau
     Küttner, K.-H.   15. Auflage, korrigiert und ergänzt
     (Hrsg.)   Springer Berlin, Heidelberg etc. 1983

[25] Wietig, E.   Selbsttätige Steuerung für ein angetriebenes
                      Werkzeug zum kaltverformenden Biegen eines
                      aus Metall, insbesondere aus Stahl bestehenden
                      Werkstücks
                      Offenlegungsschrift 1627422
                      Deutsches Patentamt

[26] Navier, M.   Résumé des Leçons données a l'école royale
                      des ponts et chaussées sur l'application
                      de la mecanique a l'établissement des
                      constructions et des machines; Première Partie
                      Didot, Paris, 1826

[27] Bühler, H.   Eigenspannungen in Stahl
     Peiter, A.   Technische Rundschau Bern Nr 40 / 42 1961

[28] de Boehr, R.   Zur Berechnung der Eigenspannungen bei
     Bruhns, O.   einem durch endliche Biegung verformten
                       inkompressiblen Plattenstreifen
                       Acta Mechanica VIII (1969)

[29] Sachs, H.   Beitrag zur fotoelektrischen Erfassung
                       schwingender Oberflächen
                       Diss Uni Hannover, 1984

[30] Krämer, H.   Werkstoffkunde für Praktiker
     Scharnagl, J.   Europa-Lehrmittel, Wuppertal, 1981

[31] NN   Rißerkennung beim Richten von oberflächen-
                       gehärteten Wellen und Drehteilen
                       Informationsschrift der Fa. Wolter GmbH
                       Mess- und Regeltechnik, Industrie-
                       Elektronik, Herdecke 1985

[32] Pärtzel, K.   Richtpresse
                       DE-PS 29 28 731 C2
                       Deutsches Patentamt, 1987

[33] NN   Die Schallemissionsanalyse
                       Kolloquium des TÜV Rheinland e.V.
                       Verlag TÜV Rheinland, Köln, 1978

[34] Pärtzel, K.   (Zahnradfabrik Friedrichshafen)
                       pers. mdl. Mitteilung, Juni 1987

[35] Hepp, K.   Ein Echtzeit-Signalparameterprozessor zur
     Waschkies, E.   Schallemissionsprüfung
                       FhG-Berichte 3/4 85, S. 36ff
                       Fraunhofer-Gesellschaft, München

[36] Ruf, D.   (Maschinenfabrik Müller-Weingarten AG)
                       pers. mdl. Mitteilung, Juni 1986

- 118 -

Anhang A: Weitere Zuordnungskurven von der Fahrradgabel

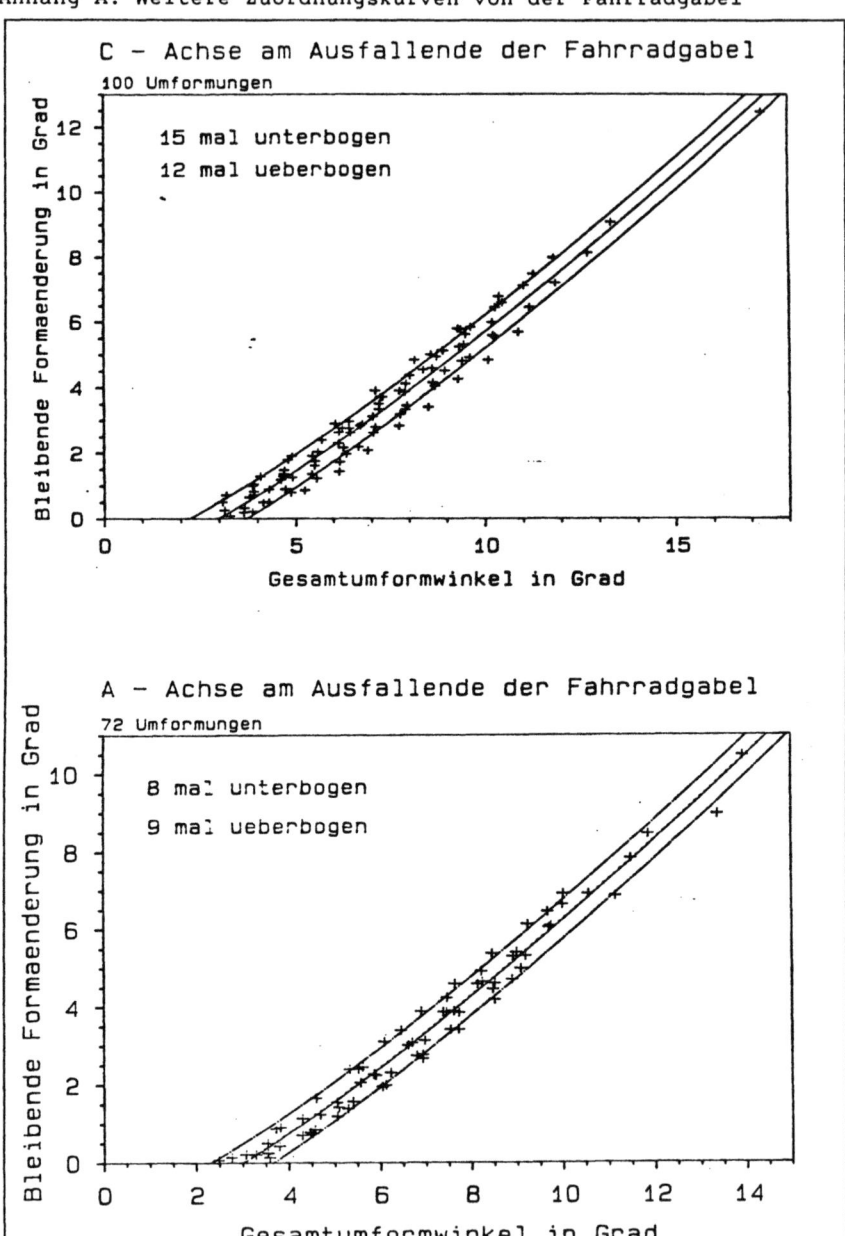

Anhang A: Weitere Zuordnungskurven von der Fahrradgabel

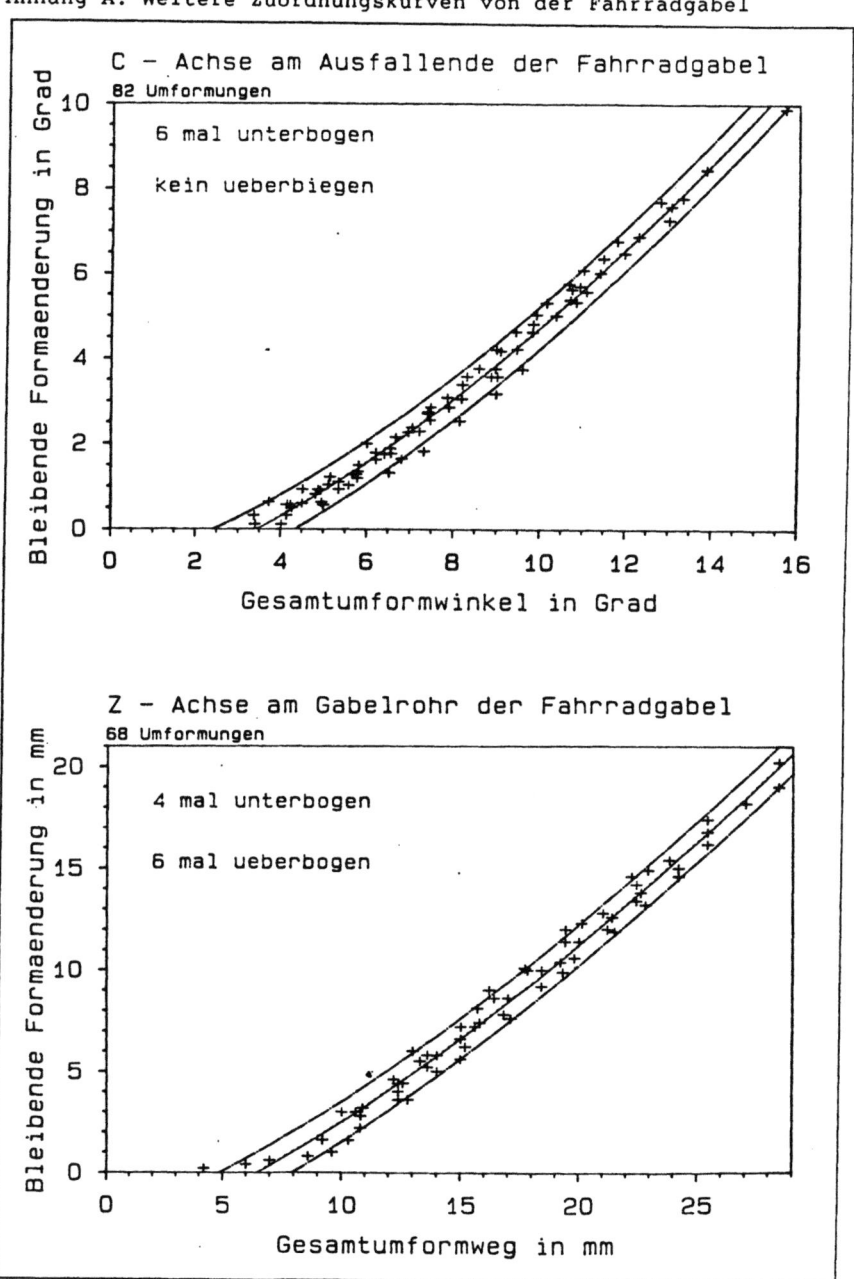

Anhang B: Struktogramme der Richt-Algorithmen

Struktogramm <1> Automatisches Richten

Weggesteuertes Richtverfahren für eine Richtstelle

Der Hauptpuffer ist beim Einrichten mit einer minimalen Datenmenge initialisiert

Als Ausgleichsfunktionsansatz ist hier eine Gerade
$Sp = m * Sg + c$ verwendet

Werkstück in Bearbeitungsposition bringen

Höhenkorrektur ch nullen

Werkstück messen, Formmeßwert Si = Sollwert - Meßwert

$Sp = Si$

WHILE Formmeßwert außer Toleranz

> Gesamtumformweg berechnen: $Sg = (Sp - c - ch) / m$
>
> Gesamtumformweg ausführen
>
> Werkstück messen (s.o.),
>
> Höhenkorrektur berechnen: $ch = Sp - Si$
>
> Hauptpuffer voll ?
>
> JA / NEIN
>
> | JA | NEIN |
> |---|---|
> | Verformungswertepaar im Neuzugangspuffer ablegen | Wertepaar klassifiziert in den Hauptpuffer einbringen |
> | Neuzuganspuffer voll ? | |
> | JA / NEIN | |
> | JA: | |
> | Ausgleichsfunktion aller Wertepaare im Neuzugangspuffer berechnen | |
> | FOR alle Werte im Neuzugangspuffer | |
> | Wertepaar klassifizieren | |
> | FOR alle Werte in der bestimmten Klasse des Hauptpuffers | |
> | Ordinatenabweichung von der Ausgleichsfunktion berechnen | |
> | Absolut-Maximum merken | |
> | Neues Wertepaar gegen dasjenige mit der größten Abweichung austauschen | |
> | Ausgleichsfunktion aller Wertepaare im Hauptpuffer berechnen | |
> | Eventuell neue Überbiegekorrektur berechnen: $kü := Phi\_invers (1-Pü) * s - t$ | |

Werkstück aus der Bearbeitungsposition nehmen

UNTIL Ende des Loses

Anhang B: Struktogramme der Richt-Algorithmen

Struktogramm <2> KWV-gesteuertes Biegen

Gesamtablauf am Beispiel des Wellenrichtens (1 Stelle)

Welle messen (Rundlaufmessung)

Exzentrizität (=gewünschte Formänderung) > Toleranz ?

JA / NEIN

Vorhub durchühren ?

JA / NEIN | Welle gerichtet!

Stößel in Bewegung setzen

Berührung der Welle abwarten

Wegzähler nullen (intern)

(Die Wege für die Ausgleichsrechnungen müssen ab Null gerechnet werden)

| Position einlesen

UNTIL vorgegebener Vorhubweg erreicht

Bewegungsrichtung umkehren

Entlastung (Kraft 0) abwarten

Stößel anhalten

Position einlesen

Ausgangsposition nicht wieder erreicht ?

JA / NEIN

Differenz von der gewünschten Formänderung abziehen

gewünschte Formänderung > Verformungsuntergrenze ?

JA / NEIN

Stößel zur Welle in Bewegung setzen

Berührung abwarten

Wegzähler nullen

Anfangsstörunterdrückung <2.1>

Fließeinsatzerkennung <2.2>

| Kraft und Weg messen

| Plastischen Anteil aus der Umkehrfunktion der Elastizität errechnen

UNTIL plastischer Anteil >= gewünschte Formänderung

Bewegungsumkehr

Entlastung abwarten

Stößel anhalten

UNTIL Welle gerichtet

- 122 -

Anhang B: Struktogramme der Richt-Algorithmen

Struktogramm <2.1> KWV-gesteuertes Biegen

Anfangsstörunterdrückung

Ableitungslänge, Korrelationslänge und
Mindestkorrelation sind Parameter

Ringpuffer und Ausgleichsgeradenrechnungen initialisieren

Weg und Kraft messen

Wertepaar zur Bildung der Ableitung in die

Ausgleichsgeradenrechnung einspeisen

Wertepaar in den Ableitungsringpuffer eingeben

Weglänge im Ableitungsringpuffer größer als die Ableitungslänge ?

JA / NEIN

überstehende Wertepaare aus dem Ableitungsringpuffer holen

und aus der Ausgleichsgeraden wieder herausnehmen

Abszissenmittelwerte und Steigung der Ableitungsgerade

bilden und in die Ausgleichsgeradenrechnung zur

Korrelationsprüfung und in den Korrelationsprüfringpuffer

einspeisen

Weglänge im Korrelationsprüfringpuffer > Korrelationslänge ?

JA / NEIN

Überstehende Wertepaare aus dem

Korrelationsprüfringpuffer holen und aus der

Korrelationsprüfgeraden wieder herausnehmen

UNTIL Absolutwert des Korrelationskoeffizienten > Mindestkorrelation

Ab dem Anfang des Wertebereiches des Korrelationsprüfringpuffers kann

der KWV als für die Ausgleichsrechnung zur Elastizität gültig

betrachtet werden.

Anhang B: Struktogramme der Richt-Algorithmen

Struktogramm <2.2> KWV-gesteuertes Biegen

Fließeinsatzerkennung

Ableitungslänge, Minimalweg, Abweichungsschranke
und Verzögerungsstrecke sind Parameter

Abweichungsintegral nullen

Elastizitäts - Ausgleichsrechnung initialisieren

Ringpuffer und Ausgleichsgeradenrechnungen sind noch gültig

> Weg und Kraft messen
>
> Wertepaar zur Bildung der Ableitung in die
>
> Ausgleichsgeradenrechnung einspeisen
>
> Wertepaar in den Originalringpuffer eingeben
>
> überstehende Wertepaare aus dem Originalringpuffer holen
>
> diese aus der Ableitungsgeraden wieder herausnehmen
>
> Wertepaare bis zum Verzögerungsabstand in die Ausgleichsrechnung
>
> zur Elastizität eingeben
>
> Abszissenmittelwerte und Steigung der Ableitungsgerade bilden
>
> (Steigungswertepaar)
>
> > Weg > Mindestweg ?
> > JA / NEIN
> >
> > **JA:**
> > Parameter der Elastizitätsline (und derer Ableitung)
> >
> > berechnen
> >
> > Korrektur des Abweichungsintegrals um
> >
> > - (Fa (ist) - Fa (MW)) + (Fn (ist) - Fn (MW))
> >
> > Fa = vorherige Funktion
> >
> > Fn = neuberechnete Funktion
> >
> > (ist) = am aktuellen Punkt
> >
> > (MW) = am Mindestweg
> >
> > Ordinatenabweichung des Steigungswertepaares von der
> >
> > Ableitungsfunktion bilden
> >
> > Ordinatenabweichung nach der Trapezregel zum
> >
> > Abweichungsintegral aufsummieren
> >
> > **NEIN:** (leer)

UNTIL Abweichungsintegral > Abweichungsschranke

Ab jetzt fließts ganz bestimmt

Anhang C: Modellbildung zur Auflagervariation

Da die Auflager und die Welle nicht unendlich starr sind, wird
sich der Wechsel von der Auflage außen zur Auflage innen nicht
plötzlich sondern irgendwie kontinuierlich vollziehen. Dafür
muß die Verformung des Auflagers und der Welle unter der Kraft
und dem Auflagewinkel berechnet werden, wofür keine Lösung bekannt ist. Es sei noch kurz eine stark vereinfachende Modellbildung beschrieben, die eine überschlägliche Berechnung ermöglicht (Bild C1):

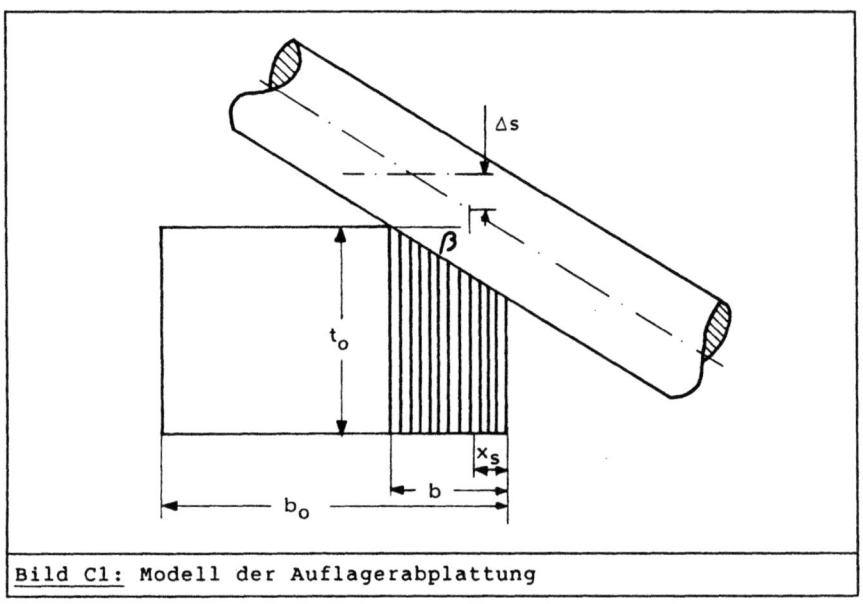

Bild C1: Modell der Auflagerabplattung

Die Welle plattet das Auflager im Zentralschnitt im Aufliege-
winkel β ab. Diese Abplattung verteile sich über eine Ausgleichstiefe t0 linear (statt $\wedge\ 1/t^2$) in das Auflager hinein.
Es wird also von einer linearen Spannungs- (und Dehnungs-) Verteilung im Zentralschnitt ausgegangen. Über die Rundung wird
jedoch die Spannungsverteilung der HERTZschen Pressung Zylin-
der/Zylinder angenommen, deren Maximalspannung sich aus der
Beziehung

$$\sigma_{z\ max} = \sqrt{\frac{q\ E}{2\pi r(1-\nu^2)}}$$

ergibt. Unter Verletzung der HERTZschen Voraussetzung

q≡konstant und Anwendung des (eigentlich nur für einachsige
Spannungszustände gültigen) linearen Stoffgesetzes $\sigma = \varepsilon\ E$
ergibt sich eine Beziehung für die maximale Dehnung am Auf-
lagerrand

$$\varepsilon_0 = \frac{\tan\beta}{t_0}\ \sqrt{q\ B} \quad \text{mit } B = \frac{1}{2\pi r E(1-\nu^2)} \ .$$

Die Integrationen für die resultierende Kraft F und deren
Schwerpunkt x_s

$$F = \int q(x)\ dx \quad , \quad x_s = \frac{1}{F}\int q(x)\ x\ dx$$

mit $q\ (x) = \varepsilon^2(x)\ /\ B$ und $\varepsilon(x) = \varepsilon_0\ (1 - \frac{x}{b})$

ergeben nach längerer Umformung, wobei die effektive Auflage-
länge b wiederum aus

$$b = \frac{\varepsilon_0\ t_0}{\tan\ \beta}$$

berechnet wird, folgende Einzelgleichungen

$$\varepsilon_0 = \sqrt[3]{\frac{3F\ B\ \tan\ \beta}{t_0}} \quad \text{und} \quad x_s = \frac{b}{4}\ ,$$

wobei der Auflagewinkel β aus dem Neigungswinkel der Biegelinie
und dem Anfangswinkel, der sowohl von der Anfangsabweichung
der Welle als auch einer Neigung der Auflageroberfläche herrüh-
ren kann, zusammengesetzt wird.

Die Abplattung des Auflagers führt zu einem zusätzlichen elastischen Weg der Welle

$$\Delta s = (b - x_s - r\ \sin\ \beta)\ \tan\ \beta\ ,$$

der die Verkrümmung des Kraft-Weg-Verlaufes wieder verringert.

Dieses Modell, das sicher unzureichend ist, kann durch Variation der Ausgleichstiefe in seinem Verhalten stark beeinflußt
werden, wobei das Verhalten bei irgendeinem Wert für die Ausgleichstiefe der Realität sicher ähnlich ist.

Mit hier nicht näher beschriebenen Sonderbedingungen für den
Wechsel von der Auflage auf der Außenkante zur Innenkante und
für den Fall, das $b > b_0$ würde, sind mit verschiedenen Parametern iterative Rechnungen durchgeführt worden, deren Ergebnis
in Bild C2 dargestellt ist. Der Vergleich der sich ergebenden
Verkrümmungen mit der aus der Maximalabschätzung (2.2.4.2)
zeigt, daß in der Realität nur mit geringeren Verkrümmungen
gerechnet werden muß.

Die Variation des Innenradius des Auflagers und die Variation
des Anfangswinkels zeigen jedoch die große Abhängigkeit der
Verkrümmung von diesen Parametern, sowohl im Verlauf, als auch
im absoluten Maß.

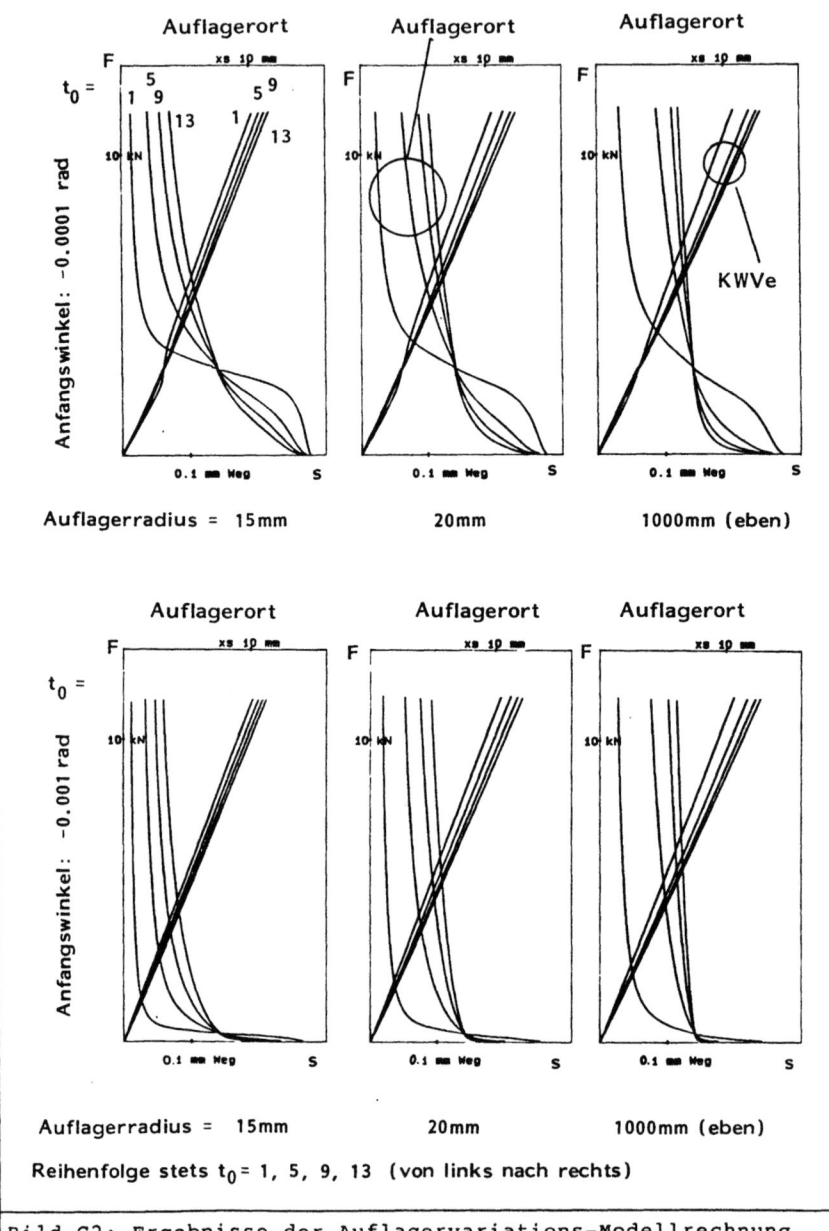

Bild C2: Ergebnisse der Auflagervariations-Modellrechnung

Anhang D: Biegeachsen und Bezeichnungen an der Fahrradgabel

Die Bezeichnungen der Biegeachsen (Bild D1) wurden denen der
Richtmaschine angepaßt. In Richtung des Lenkrohres verläuft die
x-Achse und bildet mit der y- und der z- Achse ein Rechtssy-
stem. Die z-Achse geht dabei in Fahrtrichtung und bestimmt das
Vorlauf-Maß, die y-Achse bestimmt den Abstand der Ausfallenden
voneinander.

Die Achsen A und C sind, entsprechend den Konventionen bei
Werkzeugmaschinen, Drehachsen mit der Drehung um die x - bzw.
z-Achse.

Bild D2 zeigt die Fließorte und die zugehörenden Biegeachsen
bei Belastung in den Koordinatenachsen. Die orthogonalen Dre-
hungen A und C bewirken jedoch keine orthogonale Verformung am
Ausfallende, sondern die echten Biegeachsen stehen in einem
spitzeren Winkel aufeinander. Die Winkel dieser Biegeachsen zur
A-Achse sind mit α_A und α_C bezeichnet.

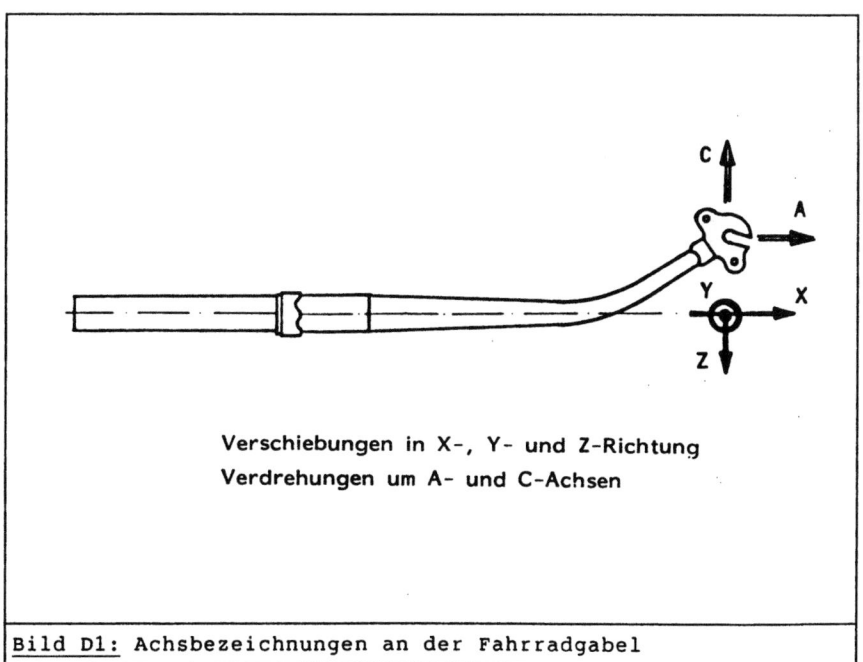

Verschiebungen in X-, Y- und Z-Richtung
Verdrehungen um A- und C-Achsen

Bild D1: Achsbezeichnungen an der Fahrradgabel

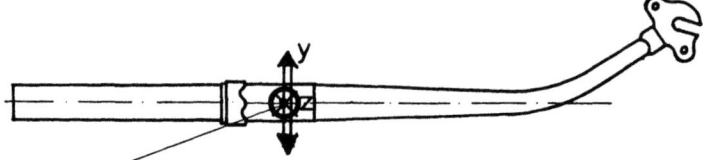

Fließorte und Biegeachsen für die Verformung in y- Richtung.
Vorgeschichte: Verformt, geglüht, in Luft abgeschreckt:
Werkstoffzustand: ähnlich dem Ausgangszustand

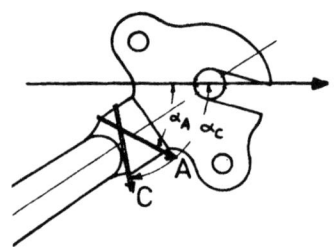

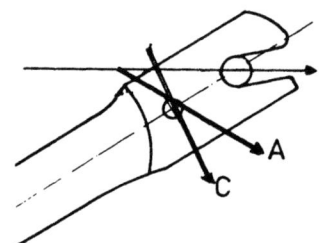

Fließorte und Biegeachsen für die
A- und C-Achse am geschweißten AE.
Vorgeschichte: Verformt, leicht
wärmebehandelt (Stumpfschweißen)
Werkstoffzustand: nahezu ideal
     elastisch/plastisch

Fließorte und Biegeachsen
A und C am gedrückten AE.
Vorgeschichte: verformt.
Werkstoffzustand: im Bereich
der Verfestigung

Bild D2: Fließorte und Biegeachsen der Fahrradgabel

Anhang E: Weitere Ergebnisse der Biegesimulation

In den folgenden Seiten sind von den vier unterschiedlichen
Wellen der Modellrechnung jeweils die ersten sechs Zwischensta-
dien mit
- Eigenspannung
- Eigenspannungsdifferenz zum unmittelbaren Vorgänger
- Plastische Dehnungsdifferenz (=Fließorte) zum unmittelbaren
  Vorgänger
dargestellt.

Die Aufteilung ist wie folgt:

Blatt 1, oben

σ_{E1H}	$\Delta\sigma_{E1H/0}$
σ_{E2H}	$\Delta\sigma_{E2H/1H}$
σ_{E3H}	$\Delta\sigma_{E3H/2H}$

Blatt 1, unten

σ_{E4H}	$\Delta\sigma_{E4H/3H}$
σ_{E5H}	$\Delta\sigma_{E5H/4H}$
σ_{E6H}	$\Delta\sigma_{E6H/5H}$

Blatt 2, oben

σ_{E1Z}	$\Delta\sigma_{E1Z/6H}$
σ_{E2Z}	$\Delta\sigma_{E2Z/1Z}$
σ_{E3Z}	$\Delta\sigma_{E3Z/2Z}$

Blatt 2, unten

σ_{E4Z}	$\Delta\sigma_{E4Z/3Z}$
σ_{E5Z}	$\Delta\sigma_{E5Z/4Z}$
σ_{E6Z}	$\Delta\sigma_{E6Z/5Z}$

Blatt 3, oben

$\Delta\varepsilon_{1H/0}$	$\Delta\varepsilon_{2H/1H}$
$\Delta\varepsilon_{3H/2H}$	$\Delta\varepsilon_{4H/3H}$
$\Delta\varepsilon_{5H/4H}$	$\Delta\varepsilon_{6H/5H}$

Blatt 3, unten

$\Delta\varepsilon_{1Z/6H}$	$\Delta\varepsilon_{2Z/1Z}$
$\Delta\varepsilon_{3Z/2Z}$	$\Delta\varepsilon_{4Z/3Z}$
$\Delta\varepsilon_{5Z/4Z}$	$\Delta\varepsilon_{6Z/5Z}$

σ_E = Eigenspannung
$\Delta\sigma_E$ = Eigenspannungsdifferenz
$\Delta\varepsilon$ = plastische Dehnungsdifferenz

Die Zahlen geben die Zustandsnummer an (0 ist der Ausgangszustand), Zahlenpaare die Partner der Differenzbildung. Der Buch-
stabe H bedeutet HIN-Biegen, Z Zurückbiegen.

Blickrichtung:
auf die Zugseite der Welle

Blickrichtung:
auf die Druckseite der Welle

Verbindungslinie benachbarter
Werte:

— auf dem gleichen Ring

— zum nächsten Ring

Umrandung der "0"-Ebene

negativer Wert
(Druck)

positiver Wert
(Zug)

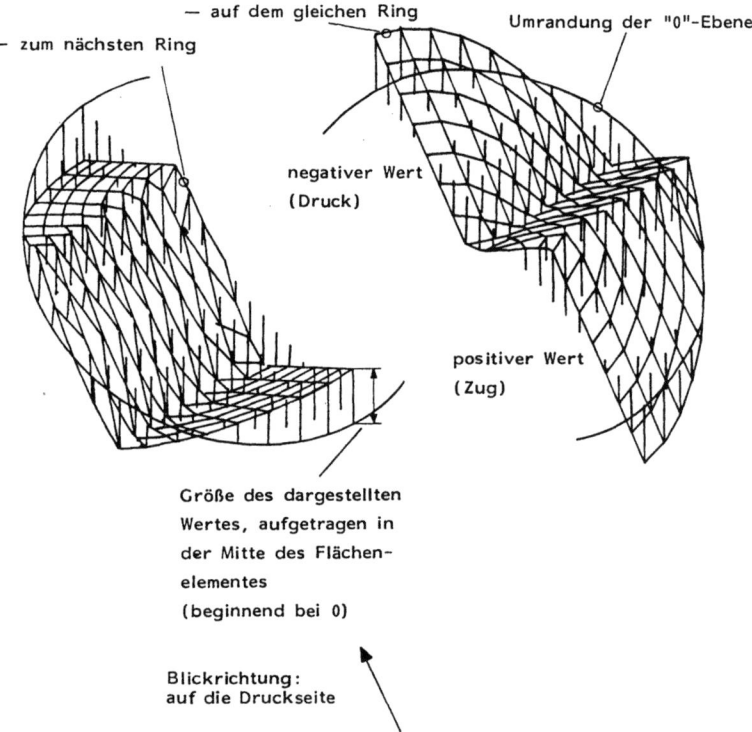

Größe des dargestellten
Wertes, aufgetragen in
der Mitte des Flächen-
elementes
(beginnend bei 0)

Blickrichtung:
auf die Druckseite

Es sind links und rechts dieselben Daten dargestellt,
lediglich die Perspektive ist anders.

Hilfestellung zum Verständnis der "3D"-Darstellung

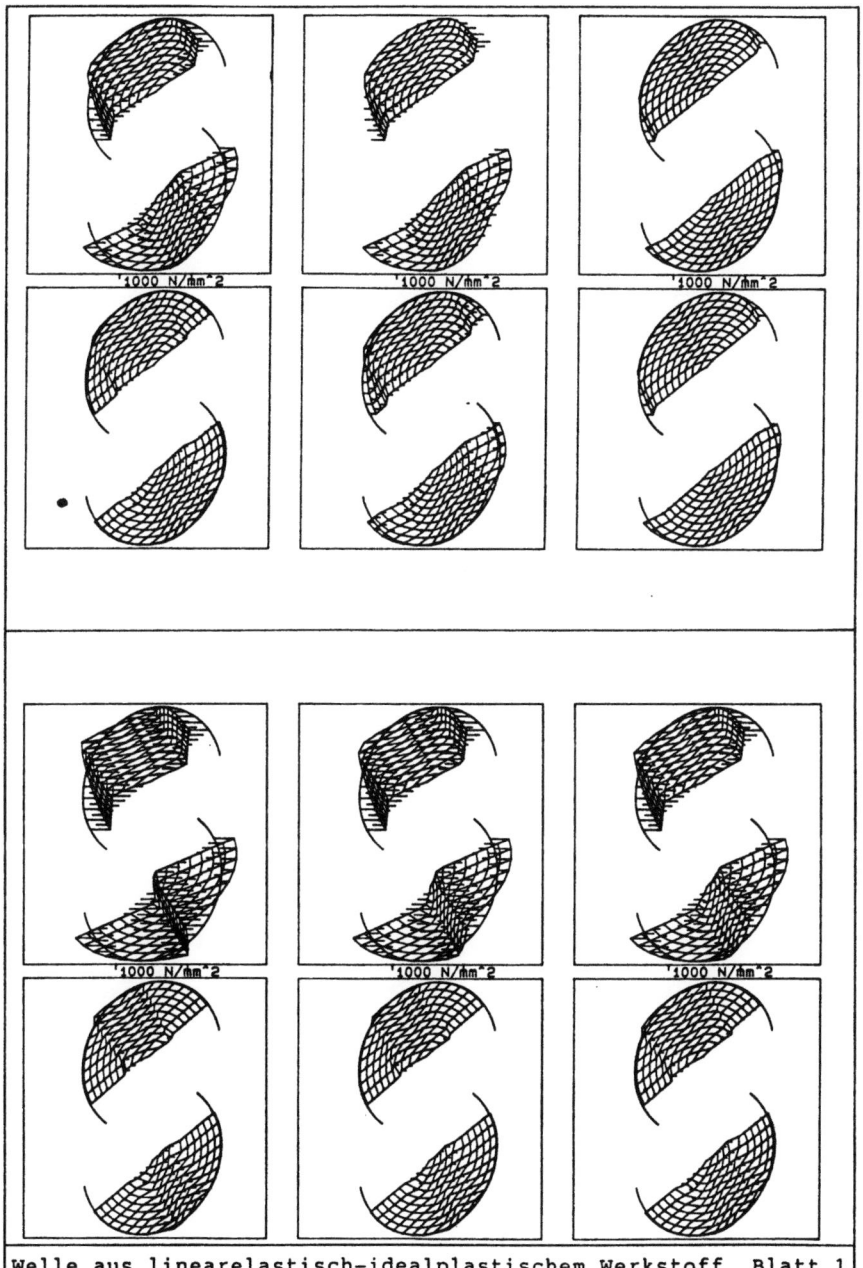

Welle aus linearelastisch-idealplastischem Werkstoff   Blatt 1

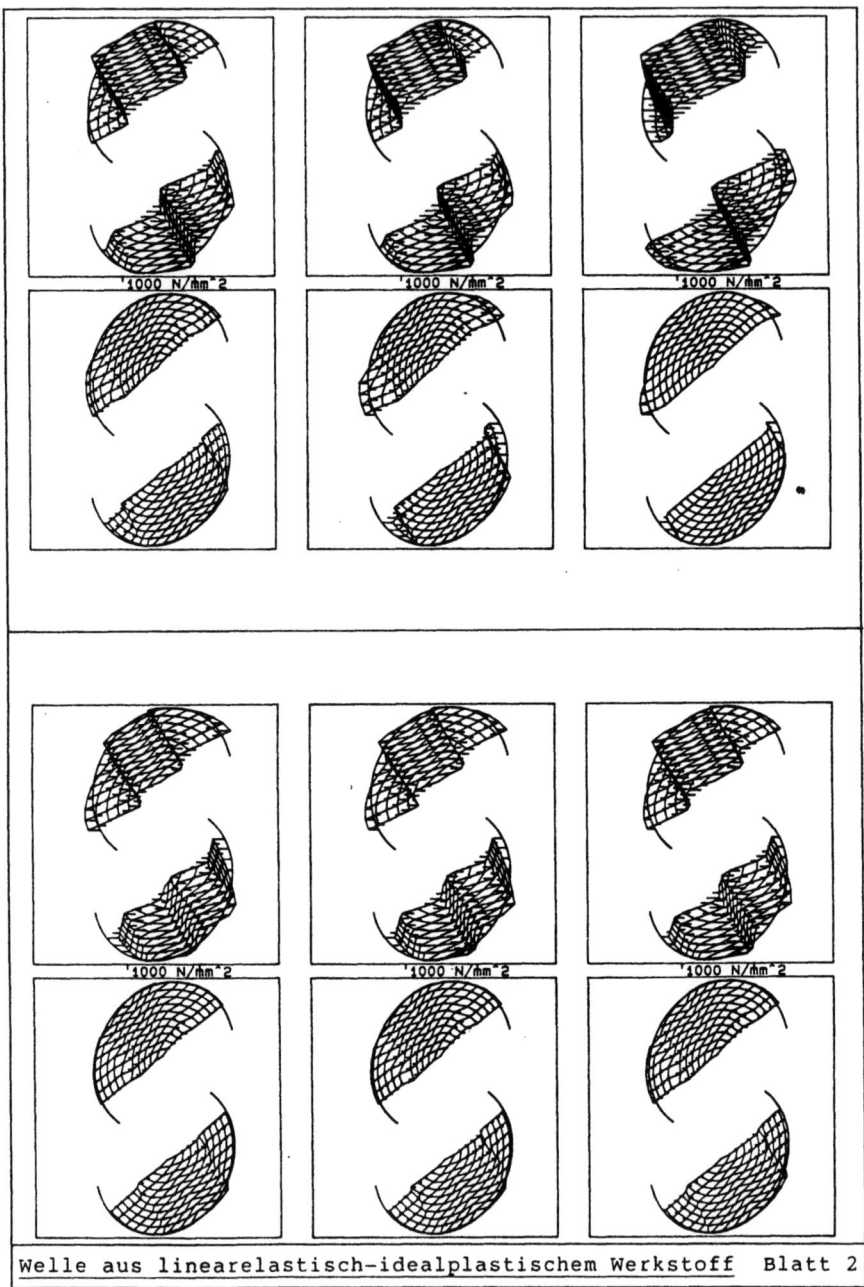

Welle aus linearelastisch—idealplastischem Werkstoff   Blatt 2

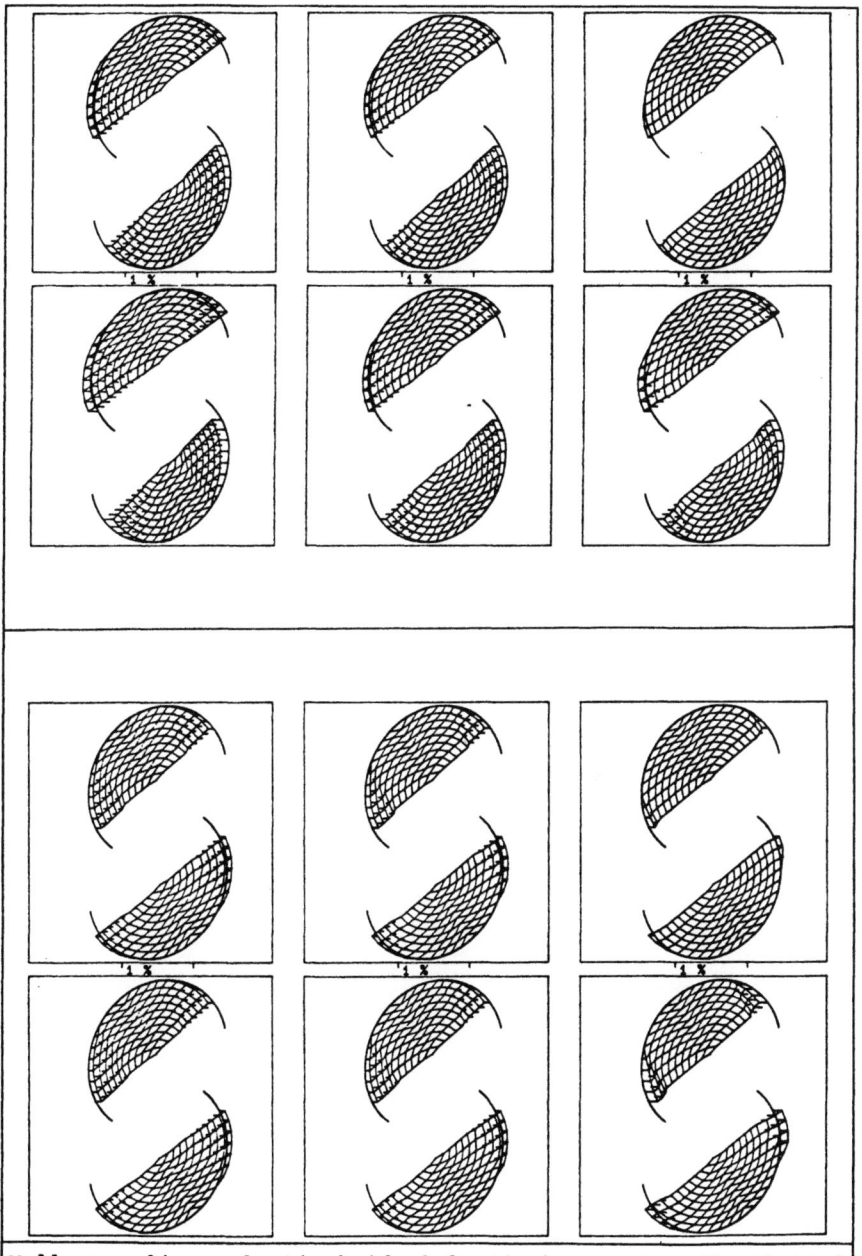

Welle aus linearelastisch-idealplastischem Werkstoff   Blatt 3

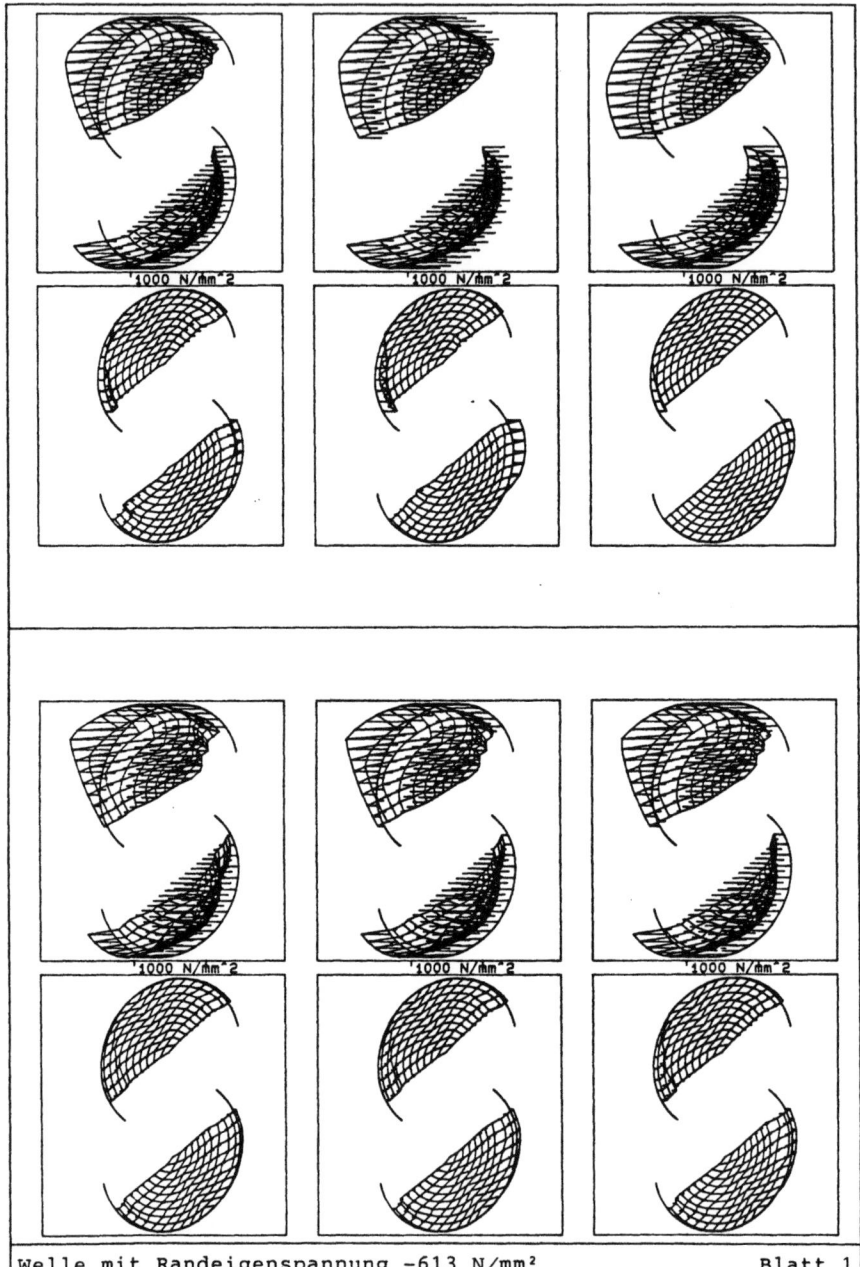

Welle mit Randeigenspannung -613 N/mm²   Blatt 1

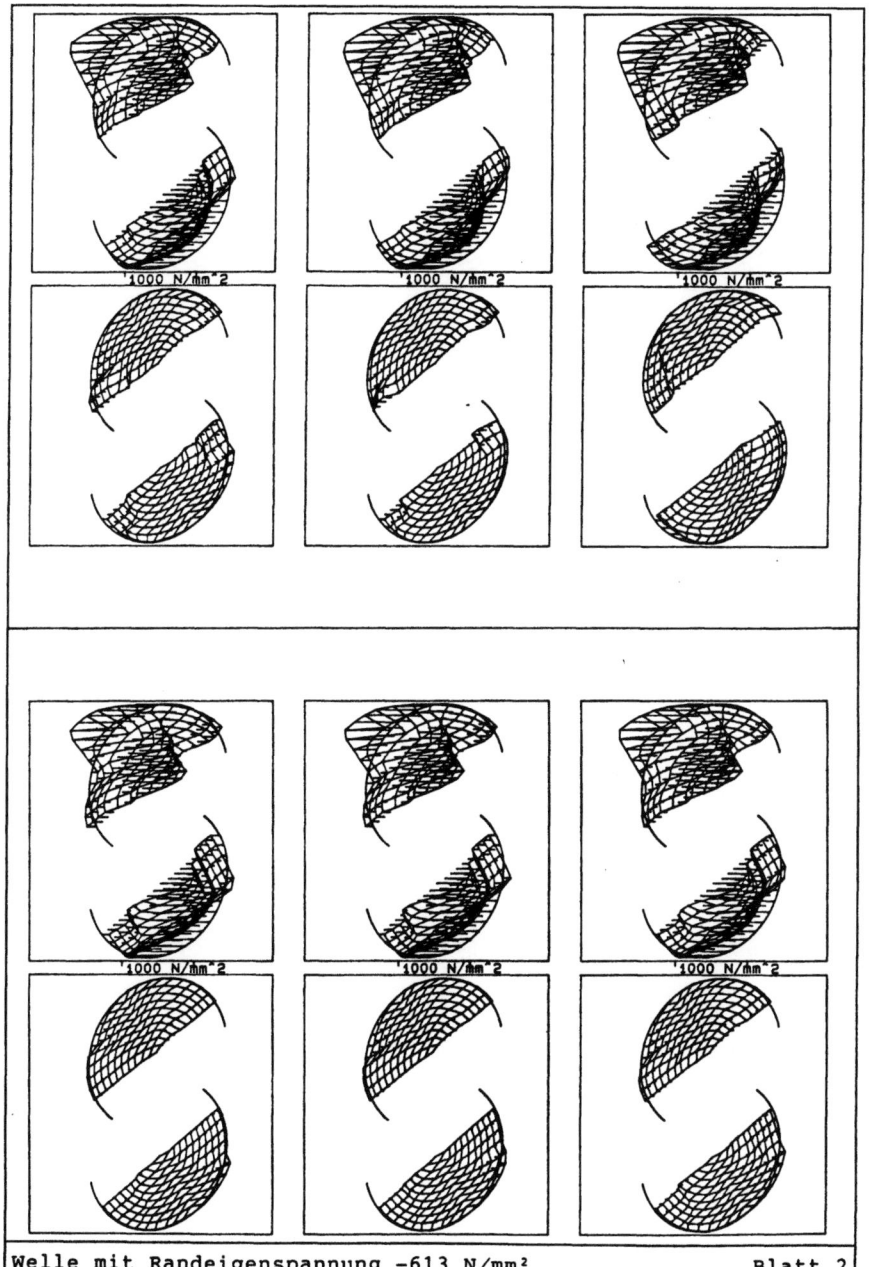

Welle mit Randeigenspannung -613 N/mm²   Blatt 2

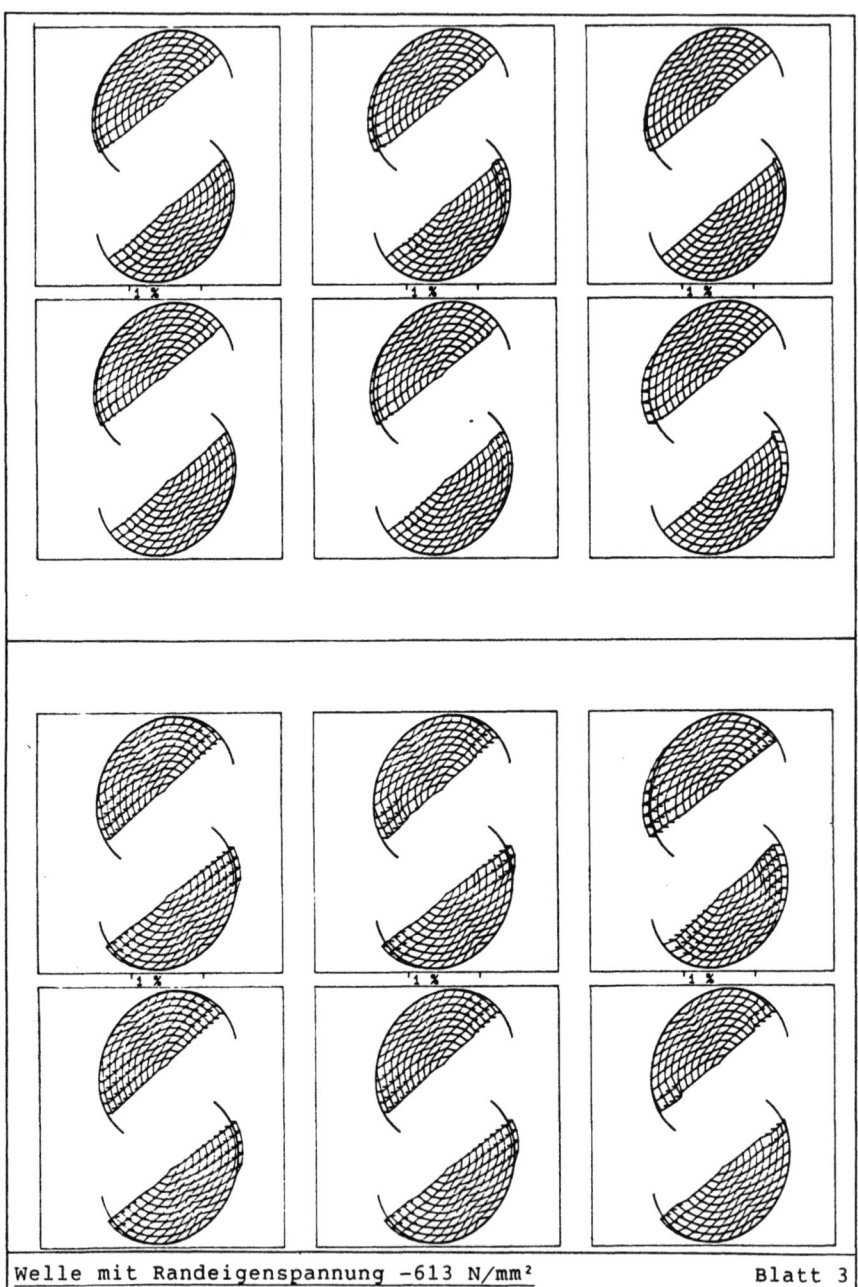

Welle mit Randeigenspannung -613 N/mm²   Blatt 3

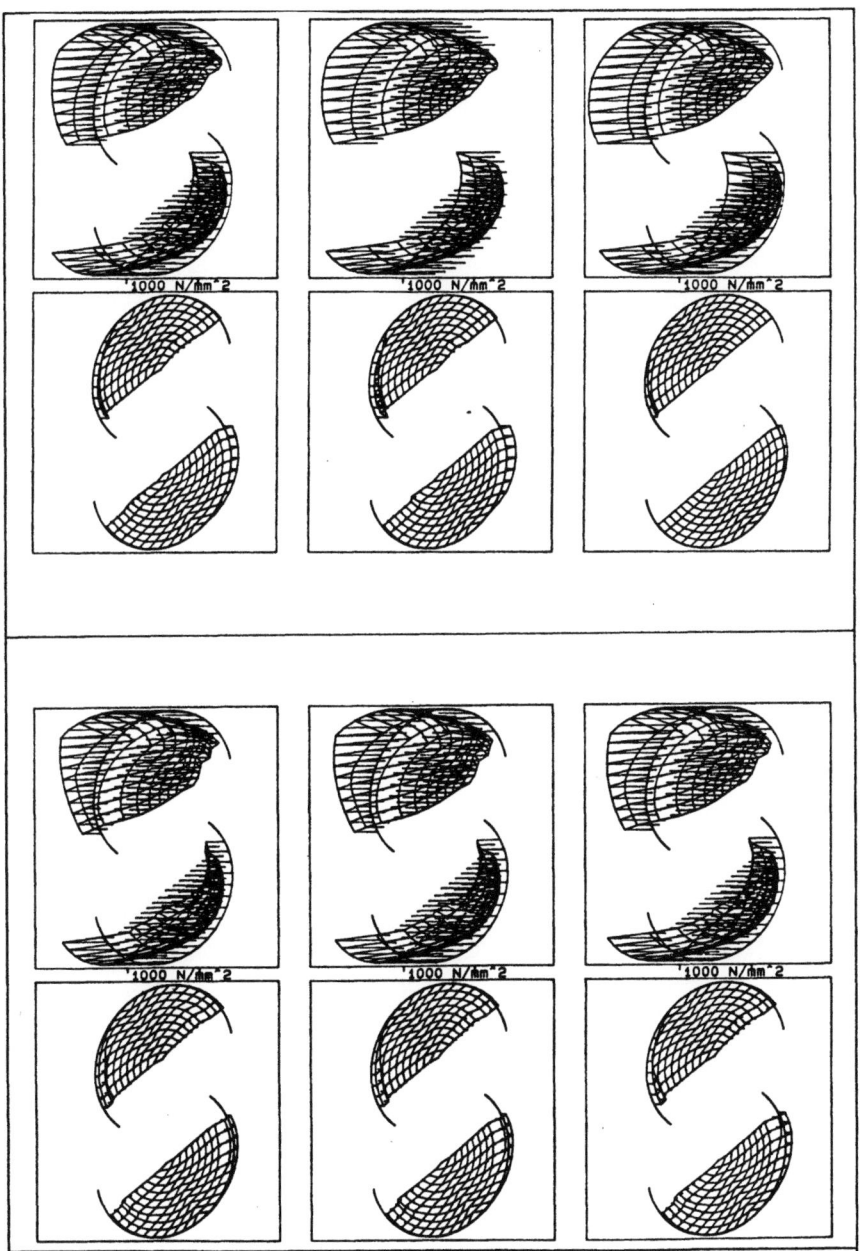

'1000 N/mm^2 '1000 N/mm^2 '1000 N/mm^2

'1000 N/mm^2 '1000 N/mm^2 '1000 N/mm^2

Welle mit Randeigenspannung -817 N/mm²   Blatt 1

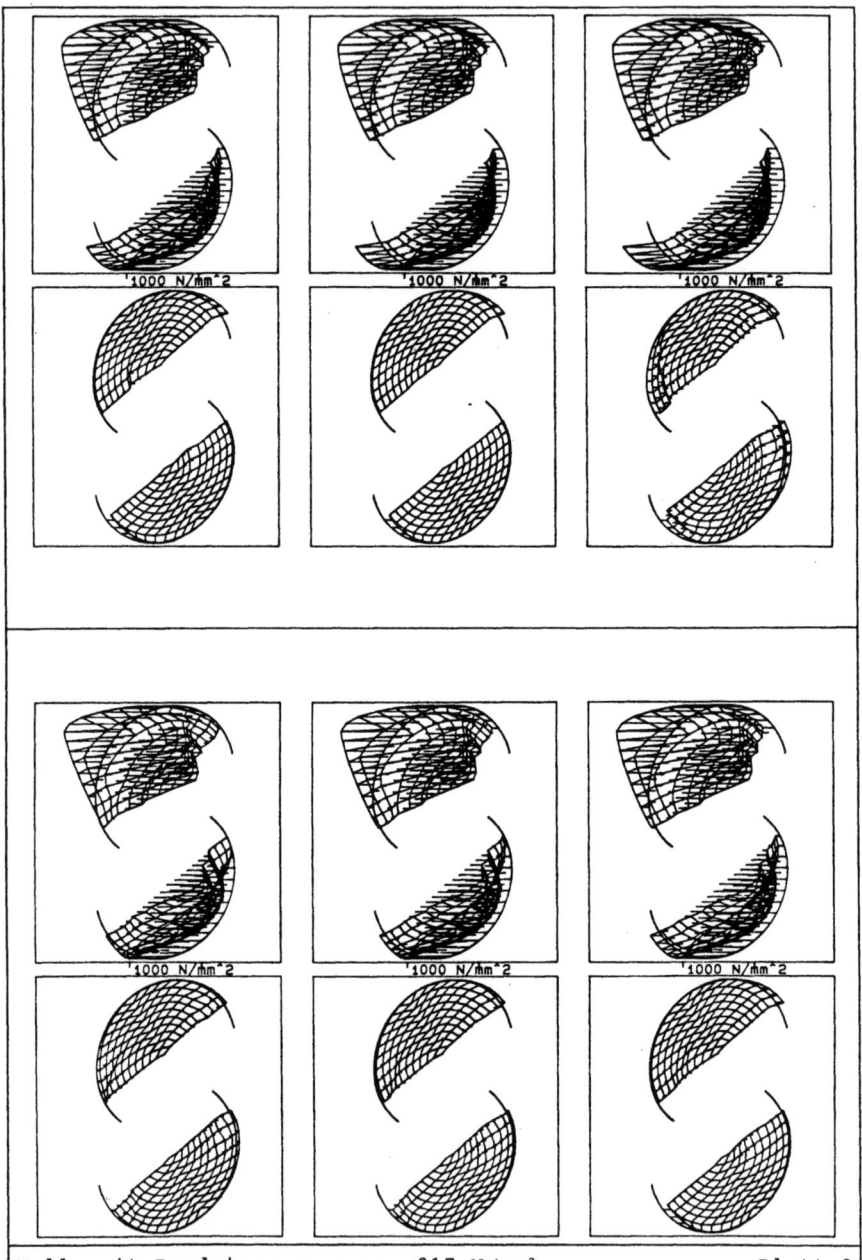

Welle mit Randeigenspannung -817 N/mm²   Blatt 2

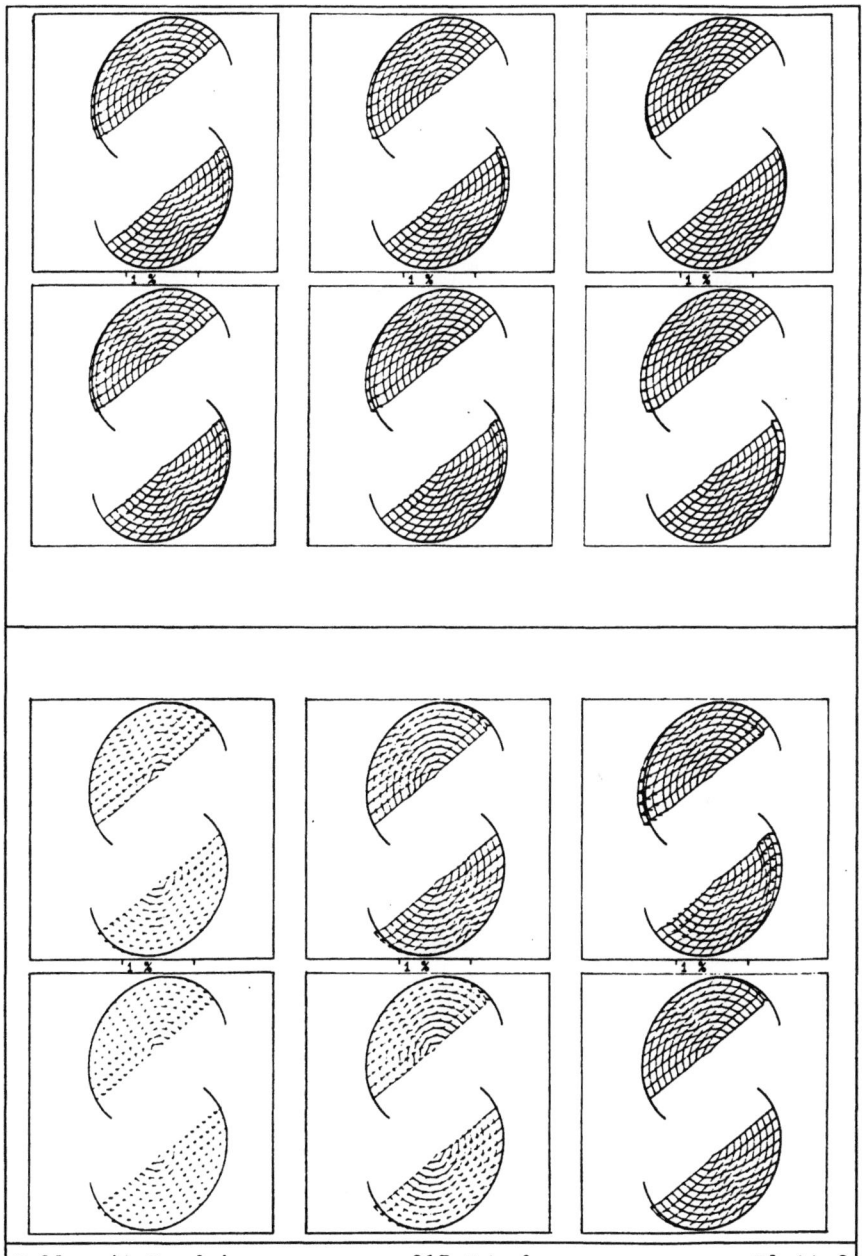

Welle mit Randeigenspannung -817 N/mm²　　　　Blatt 3

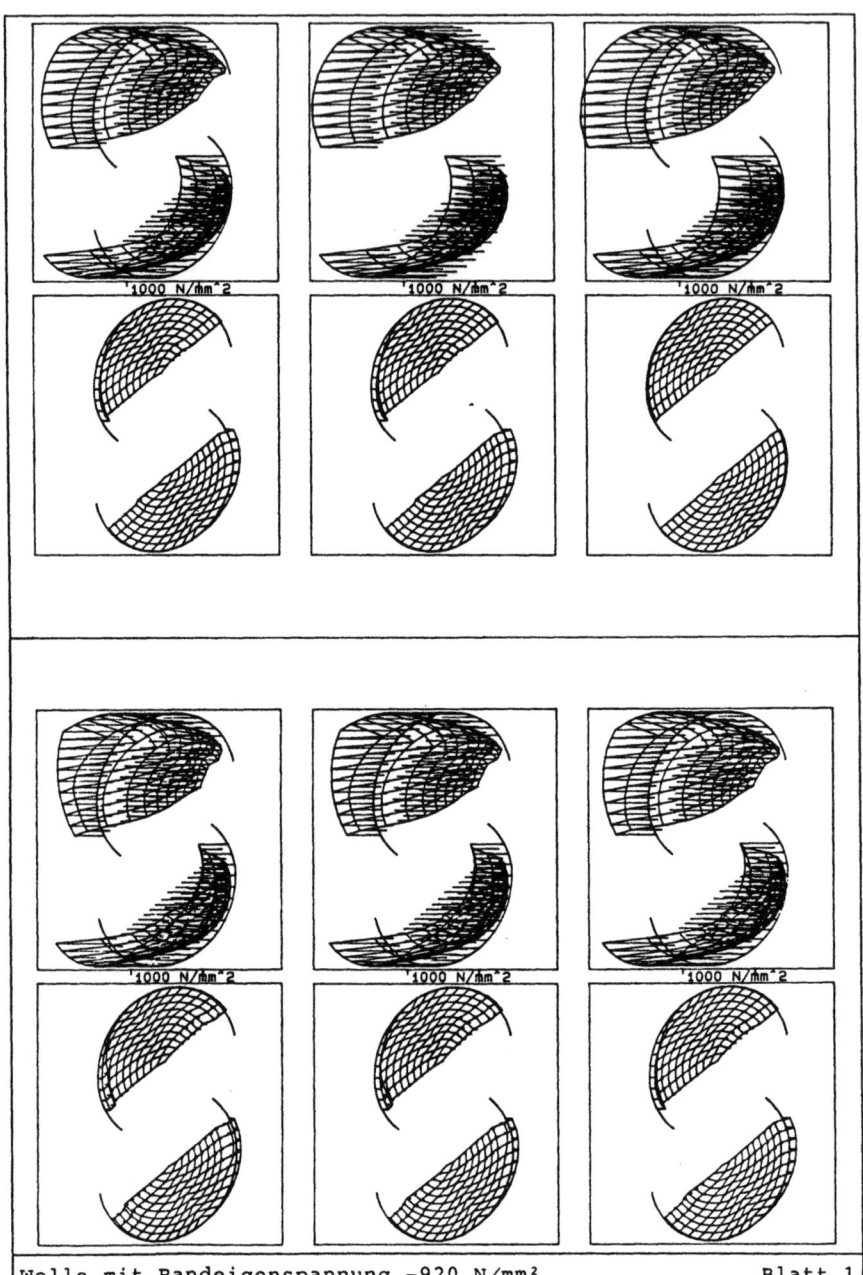

Welle mit Randeigenspannung -920 N/mm²   Blatt 1

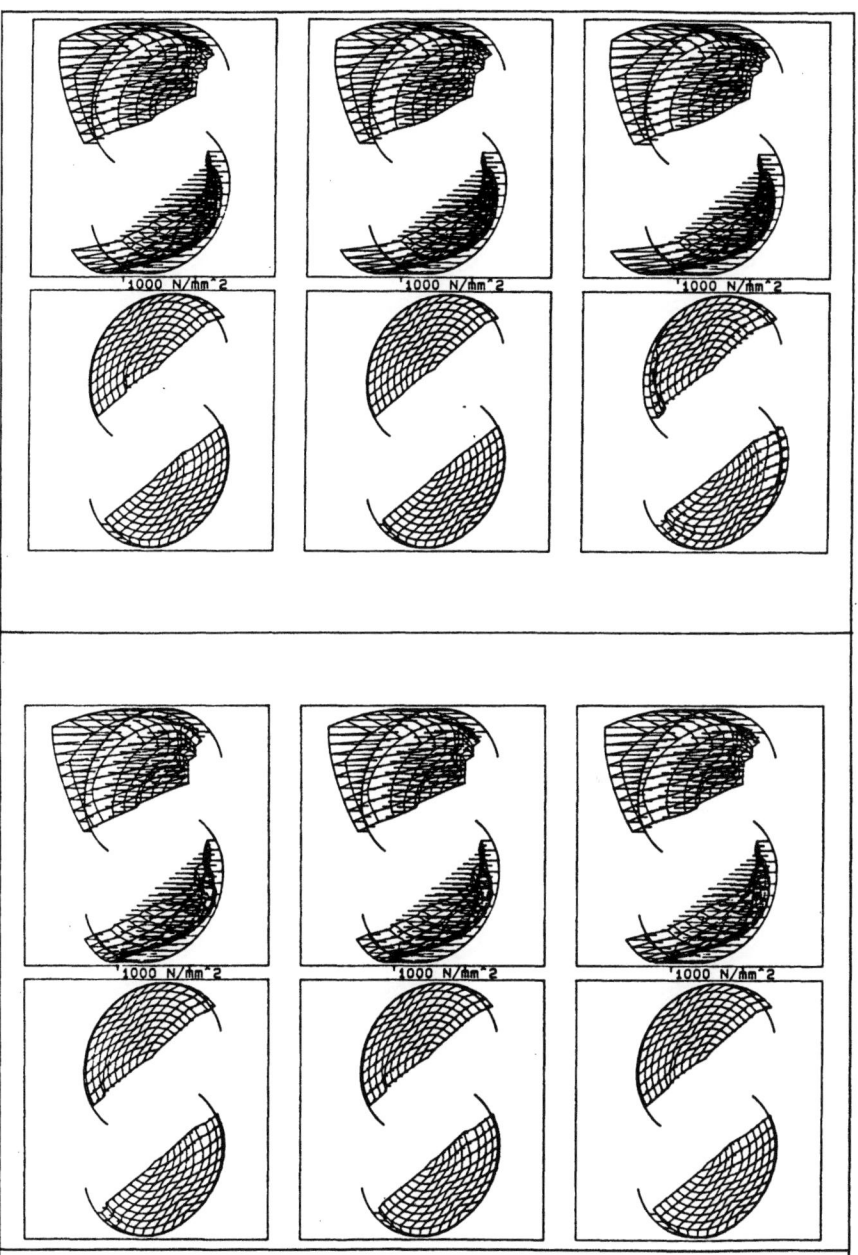

Welle mit Randeigenspannung -920 N/mm²   Blatt 2

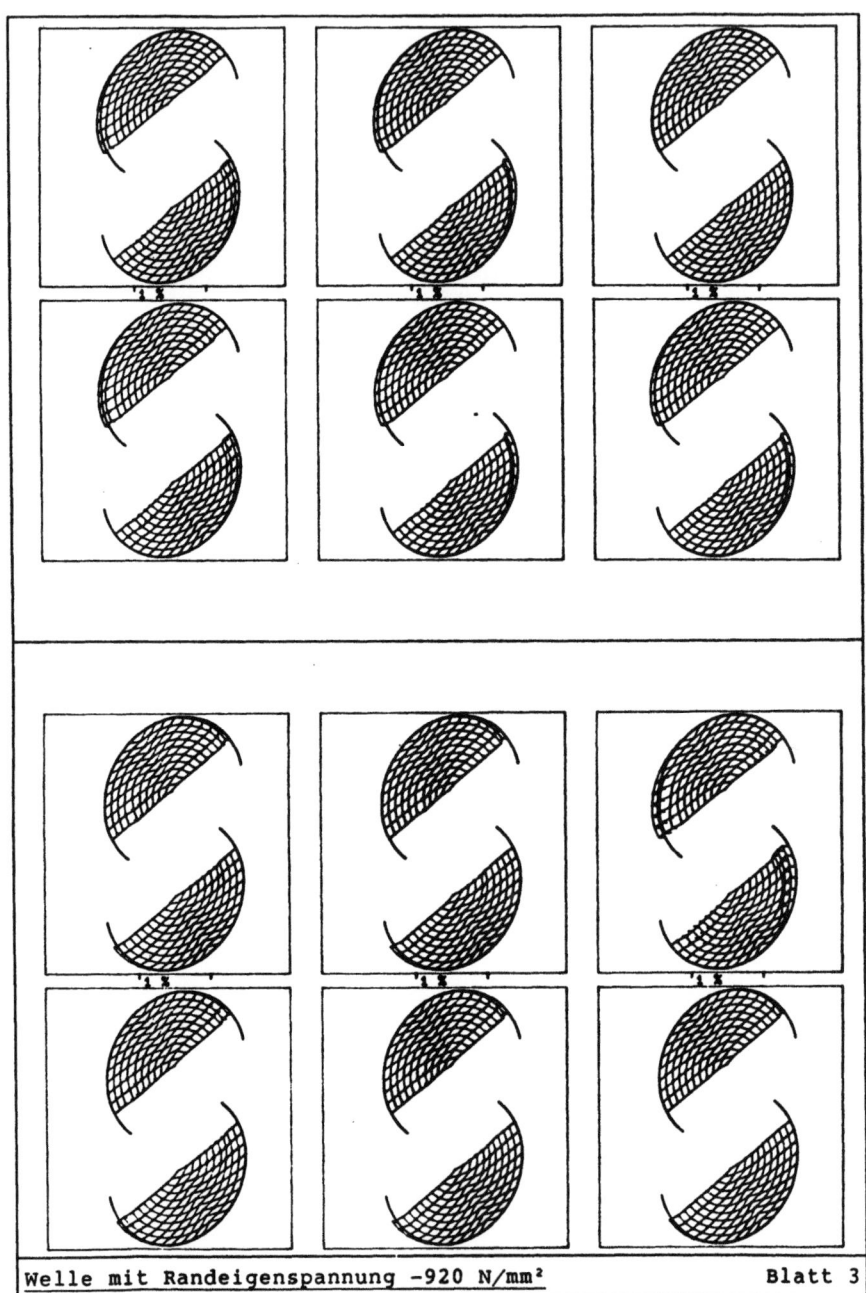

Welle mit Randeigenspannung -920 N/mm²   Blatt 3

IPA Forschung und Praxis

Schriftenreihe aus dem Institut für Produktionstechnik und Automatisierung, Stuttgart

Herausgeber: Prof. Dr.-Ing. H. J. Warnecke

IPA Forschung und Praxis

Berichte aus dem Fraunhofer-Institut für Produktionstechnik und Automatisierung, Stuttgart, und dem Institut für Industrielle Fertigung und Fabrikbetrieb der Universität Stuttgart

Herausgeber: Prof. Dr.-Ing. H. J. Warnecke

IPA-IAO Forschung und Praxis

Berichte aus dem Fraunhofer-Institut für Produktionstechnik und Automatisierung (IPA), Stuttgart, Fraunhofer-Institut für Arbeitswirtschaft und Organisation (IAO), Stuttgart, und Institut für Industrielle Fertigung und Fabrikbetrieb der Universität Stuttgart

Herausgeber: Prof. Dr.-Ing. H. J. Warnecke und Prof. Dr.-Ing. H.-J. Bullinger

Die Bände sind im Erscheinungsjahr und in den folgenden drei Kalenderjahren zu beziehen durch den örtlichen Buchhandel oder durch Lange & Springer, Otto-Suhr-Allee 26-28, 1000 Berlin 10.